SHUILI FADIANCHANG JINSHU JIEGOU JISHU JIANDU

水力发电厂
金属结构技术监督

U0387337

主　　编　李文波　　陈红冬

副主编　刘　纯　　陈星亮　　刘兰兰　　田海平

参编人员　谢　亿　　胡加瑞　　龙　毅　　李登科

　　　　　陈军君　　杨湘伟　　程贵兵　　沈丁杰

　　　　　冯　超　　刘云龙　　李　明　　冯　翔

　　　　　严　奇　　王　军　　张　军　　龙会国

　　　　　彭碧草　　熊　亮　　陈　伟　　常　鹏

中国电力出版社
CHINA ELECTRIC POWER PRESS

内 容 提 要

为推进水电厂金属结构技术监督工作，减少水电厂金属部件失效问题，提高水电运维检修金属结构技术监督人员业务技能，国网湖南省电力有限公司电力科学研究院结合国网湖南省水电厂金属结构技术监督工作经验，撰写了本书。

本书共 5 章，分别为水轮发电机组简述、水电厂金属结构用材及制造、水电厂金属结构的分类监督管理、水电厂金属结构检测技术、水电厂金属结构监督检测案例。

本书适合从事水电金属结构运维检修工作的金属结构技术监督人员参考使用。

图书在版编目（CIP）数据

水力发电厂金属结构技术监督/李文波，陈红冬主编. —北京：中国电力出版社，2018.11
ISBN 978-7-5198-2573-7

Ⅰ.①水… Ⅱ.①李…②陈… Ⅲ.①水力发电站-金属结构-水工建筑物-技术监督 Ⅳ.①TV73

中国版本图书馆 CIP 数据核字(2018)第 241542 号

出版发行：中国电力出版社
地 址：北京市东城区北京站西街 19 号（邮政编码 100005）
网 址：http://www.cepp.sgcc.com.cn
责任编辑：安小丹（010-63412367）
责任校对：王小鹏
装帧设计：赵丽媛
责任印制：吴 迪

印 刷：北京雁林吉兆印刷有限公司
版 次：2018 年 12 月第一版
印 次：2018 年 12 月北京第一次印刷
开 本：787 毫米×1092 毫米 16 开本
印 张：12
字 数：289 千字
印 数：0001—1000 册
定 价：**58.00** 元

本 书 编 委 会

主　编　李文波　　陈红冬

副主编　刘　纯　　陈星亮　　刘兰兰　　田海平

编　委　谢　亿　　胡加瑞　　龙　毅　　李登科　　陈军君

　　　　杨湘伟　　程贵兵　　沈丁杰　　冯　超　　刘云龙

　　　　李　明　　冯　翔　　严　奇　　王　军　　张　军

　　　　龙会国　　彭碧草　　熊　亮　　陈　伟　　常　鹏

　　湖南省的水电在全省总装机容量中所占比重接近 50%，水电厂的安全生产，对湖南电网的安全稳定运行具有重要意义。水电金属结构部件失效会导致机组损坏、水淹厂房、甚至危害人身安全等重大事故，因此有必要开展水电金属结构技术监督工作，确保水电厂的安全运行。

　　国网湖南省电力有限公司电力科学研究院通过十多年的探索与努力，建成了全省的水电金属结构技术监督网络，并指导各单位技术人员开展了大量的水电金属结构监督工作。在推进高新检测技术在水电金属结构的应用，培训一线金属结构监督人员的业务技能，处理水电金属结构部件失效问题等方面做了大量的工作，积累了丰富的案例素材，为保障水电机组安全运行，推进水电金属结构技术监督工作的发展，做出了重要贡献。

　　作者梳理、总结了近年水电金属结构技术监督工作，并参考了部分公开资料，从检测技术、监督管理、案例分析等方面对湖南水电金属结构的技术监督工作进行了阐述，编撰了《水力发电厂金属结构技术监督》一书。

　　本书在编撰过程中得到了国网湖南省电力有限公司、东江水电厂、柘溪水电厂、凤滩水电厂、江苏东华测试技术股份有限公司、鹏芃科艺等的大力支持。书中引用了部分水电金属结构领域公开出版的论文和相关文献资料，在此表示衷心的感谢。

　　由于作者水平有限，书中所存不足之处，恳请各位同行和读者批评指正。

编著者

2018 年 8 月

Contents 目录

第一章 水轮发电机组简述

第一节 水轮机的基本分类

水轮机是水电站的主要动力设备之一。根据主流能量转换的特征来分类水轮机，可将水轮机分为反击式、冲击式两大类。各种类型水轮机按照其水流方向和工作特点不同又有如图 1-1 所示不同的形式。

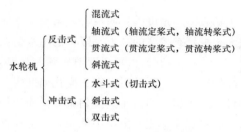

图 1-1　水轮机的基本类型

第二节 水轮机的结构特点及适用条件

一、反击式水轮机

反击式水轮机的能量来源于水流的势能和动能，主要为水流的势能；压力水流在叶片流道内流动过程中压力是逐渐改变的，即由高压逐渐降至低压，且水轮机在工作工程中，转轮完全浸没在水中。水流流经转轮时，其对叶片的反作用力，即叶片正反面的压力差使转轮旋水轮机转轮区域内的水流在通过转轮叶片流道时，始终是连续充满整个转轮的有压流道，并在转轮空间曲面型叶片的约束下，连续不断地改变流速的大小和方向，从而对转轮叶片产生一个反作用力，驱动转轮旋转。当水流通过水轮机后，其动能和势能大部分被转换成转轮的旋转机械能。

反击式水轮机根据水流流经转轮的方式不同，分为混流式、轴流式、斜流式、贯流式四种。

1. 混流式

水流径向流入转轮，轴向流出，如图 1-2 所示。应用水头范围广，约为 20～700m，结构简单，制造加

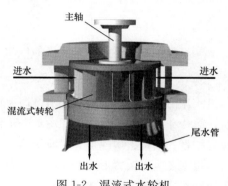

图 1-2　混流式水轮机

工容易，转轮强度高性能特点，效率最高，最高效率94％，单机容量：几十千瓦至几十万千瓦。

2．轴流式

水流在导叶与转轮之间由径向流动转变为轴向流动，而在转轮区内水流保持轴向流动，轴流式水轮机的应用水头约为3～80m。轴流式水轮机在中低水头、大流量水电站中得到了广泛应用。根据其转轮叶片在运行中能否转动，又可分为轴流定桨式和轴流转桨式水轮机两种。

（1）轴流定桨式。轴流定桨式水轮机的转轮叶片是固定不动的，因而结构简单、造价较低，但它在偏离设计工况运行时效率会急剧下降，因此，这种水轮机一般用于水头较低、出力较小以及水头变化幅度较小的水电站，适用水头范围3～50m。

（2）轴流转桨式。其转轮叶片可根据运行条件调整到不同角度，如图1-3所示。其转轮叶片角度在不同水头下与导叶开度都保持着相应的协联关系，实现了导水叶与转轮叶片双重调节，从而扩大了高效率区的范围，提高了运行的稳定性。该型机组可适用水头、出力均有较大变化幅度的大中型电站，如葛洲坝水电厂17万kW、12.5万kW机组，适用水头范围：3～80m。

3．斜流式

水流在转轮区内沿着与主轴成某一角度的方向流动。斜流式水轮机的转轮叶片大多做成可转动的形式。因此，斜流式水轮机具有较宽的高效率区，适用水头在轴流式与混流式水轮机之间，约为40～200m。如图1-4所示。斜流式水轮机兼有轴流转桨式水轮机运行效率高，混流式水轮机空蚀性能好、强度高的优点。广泛地用于水头变化幅度大、流量变化剧烈的电站，特别适合作为抽水蓄能电站的可逆式机组，但由于其倾斜桨叶操作机构的结构特别复杂，加工工艺要求和造价均较高，所以一般只在大中型水电站中使用，目前这种水轮机应用还不普遍。

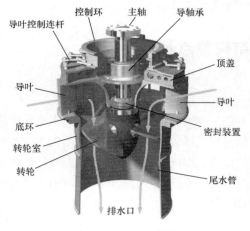

图1-3　轴流式水轮机

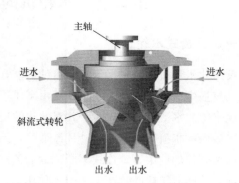

图1-4　斜流式水轮机

4．贯流式

水流由管道进口到尾水管出口均为轴向流动，不设置蜗壳，水流沿轴向直贯流入流出水轮机，故称为贯流式水轮机，如图1-5所示。由于贯流式机组取消了复杂的引水系统，减小了土建开挖量；结构紧凑使得厂房面积小，电站投资要比立式转桨机组降低费用20％左右。

根据发电机装置形式不同，又分为全贯流式和半贯流式；根据转轮轮叶能否改变又可分为贯流转桨式和贯流定桨式。

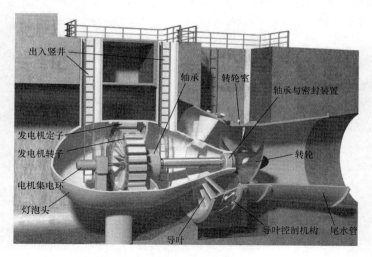

图 1-5　贯流式水轮机

贯流式水轮机过流能力较好，多用于河床式与潮汐式水电站，适用水头范围：2～30m，单机容量：几千瓦至几万千瓦。

二、冲击式水轮机

冲击式水轮机的转轮始终处于大气中，来自压力钢管的高压水流在进入水轮机之前已转变成高速自由射流，该射流冲击转轮的部分轮叶，并在轮叶的约束下发生流速大小和方向的急剧改变，从而将其动能大部分传递给轮叶，驱动转轮旋转。在射流冲击轮叶的整个过程中，射流内的压力基本不变，近似为大气压。

冲击式水轮机按射流冲击转轮的方式不同可分为切击式（水斗式）、斜击式和双击式三种。

1. 切击式水轮机

切击式水轮机因其工作射流中心线与转轮节圆相切，故而得名。该转轮叶片由一系列呈双碗状的水斗组成，故又称水斗式水轮机。适用的水头范围为 40～2000m，大型水斗式水轮机的应用水头约为 300～1700m，小型水斗式水轮机的应用水头约为 40～250m。瑞士的 Bieudron 电站，其净水头为 1869m，单机装机容量达到 423MW，堪称世界之最。中国最高的水斗式水轮机是天湖水电站，水头高达 1022.4m。

2. 斜击式水轮机

斜击式水轮机的主要工作部件与切击式水轮机基本相同，只是结构布置上不同于切击式水轮机的射流对转轮进口平面成切线方向，而是成一斜射角 α_1，一般情况下 $\alpha_1 = 22°：25°$，故称斜击式（图 1-7）。与水斗式相比，其过流量较大，但效率较低，因此这种水轮机一般多用于中小型水电站，适用水头一般为 20～300m。

3. 双击式水轮机

双击式水轮机，水流先从转轮外周进入部分叶片流道，付出 70%～80% 的动能，然后离开叶道，穿过转轮中心部分的空间，第二次进入转轮另一部分叶道，付出余下的动能。水流两次冲击转轮，故称双击式。

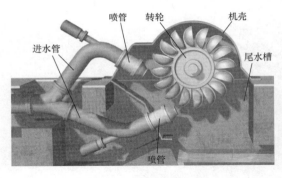

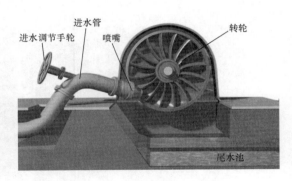

图 1-6　切击式水轮机　　　　　　　图 1-7　斜击式水轮机

这种水轮机结构简单、制作方便，但效率低、转轮叶片强度差，适用水头 6～150m，最大的单机容量一般不大于 300kW，所以只适用于小型水电站。

第三节　水轮机的主要过流部件

一、反击式水轮机的主要过流部件

反击式水轮机的主要过流部件（沿水流途径从进口到出口）有：引水部件（蜗壳、座环、基础环）、导水部件（导水机构）、工作部件（转轮）、泄水部件（尾水管）。为保证其正常运行和功率输出，还有其他部件如：主轴、轴承、顶盖、止漏装置等。

1. 混流式水轮机的主要过流部件

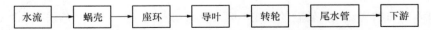

（1）工作部件——转轮。转轮（图 1-8）是水轮机的核心部件，由上冠、下环、叶片组成。转轮叶片均布在上冠与下环之间，轮叶上端固定于转轮上冠，下端固定于转轮下环。轮叶呈扭曲形，各轮叶间形成狭窄的流道。水流经过流道时，叶片迫使水流按其形状改变流速的大小和方向，使水流动量改变。同时水流反过来将给叶片一个反作用力，此力的合力对转轮轴心产生一个力矩，推动转轮旋转，从而将水流能量转换为旋转机械能。

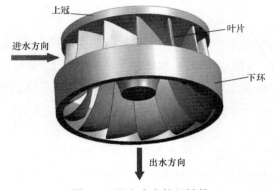

图 1-8　混流式水轮机转轮

（2）导水部件——导水机构。反击式水轮机导水机构（图 1-9）的作用是形成和改变进入转轮水流的环量，保证水轮机具有良好的水力特性，调节水轮机流量，改变机组输出功率，机组停机时用来截断水流。

导水机构按其导叶轴线布置可分为圆柱式、圆盘式和圆锥式三种。目前在混流式和轴流式水轮机中普遍采用圆柱式导水机构，它位于蜗壳座环内圈，主要组成部分有顶盖、底环、控制环、导叶、导叶套筒、导叶传动

机构（包括导叶臂、连杆、连接板）和
接力器等部件组成。

（3）引水部件——引水室。水轮机
的引水部件功用是使水流在进入导水机
构前应具有一定的环量，并引导水流均
匀地、轴对称地引向水轮机的导水机构。
为适应不同条件，水轮机的引水室有开
敞式与封闭式两大类。

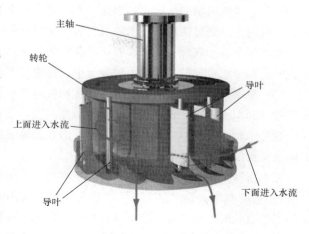

图 1-9　导水机构

1）开敞式（明槽式）。水轮机导水
机构外围为一开敞式矩形或蜗形的明槽，
槽中水流具有自由水面。为保证水流轴
对称及在引水室内水力损失很小。其平
面尺寸常常很大。这种引水室常常是用
砖石及混凝土做成的，只能用于较低水头及小型水轮机上。

2）封闭式。封闭式进水室中水流不具有自由水面，常见的有：压力槽式、罐式、蜗壳式
三种。压力槽式适用于水头 8～20m 的小型水轮机；罐式水力条件差，只适用于水头 10～
35m、容量小于 1000kW 的机组；蜗壳式引水室的外形很像蜗牛壳，故通常简称蜗壳。蜗壳是
反击式水轮机中应用最普遍的一种引水室，依所用材料不同，可分为金属蜗壳（图 1-10）和混
凝土蜗壳（图 1-11）。

图 1-10　金属蜗壳

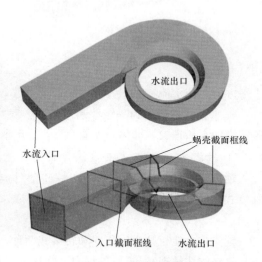

图 1-11　混凝土蜗壳

金属蜗壳主要由铸铁、铸钢或钢板焊成，适用于较高水头（$H > 40m$）的水电站和小型
卧式机组。混凝土蜗壳一般适用于水头在 40m 以下的水电站，当水头较大时，为满足强度和
防渗要求需要混凝土中加设大量钢筋和金属衬板，则造价高，不经济。

（4）引水部件——座环和基础环。座环位于导水机构外围，由上环、下环和若干流线型立
柱（又称固定导叶）组成。座环是立轴水轮机的承重部件，它承受整个机组固定部分和转动部

分的重量、水轮机轴向水推力和蜗壳上部混凝土的重量，并将它们全部传递到水电站厂房的基础上。同时它又是过流部件和水轮机安装的主要基准件。

基础环是连接底环和尾水锥管，并在安装、大修中用于承放转轮的基础部件，也是安装水轮机时的部分承重部件，埋设于混凝土中，转轮的下环在其内转动。

（5）泄水部件——尾水管。反击式水轮机的泄水部件是尾水管。其作用是将水流平顺地引至下游并利用水轮机转轮高于下游水位的那一段位能和回收水轮机转轮出口水流的部分动能。尾水管是水轮机过流通道的一部分，是反击式水轮机的重要组成部分，尾水管性能的好坏直接影响水轮机的效率及其能量利用情况。

尾水管按形式分类有直锥型、弯管直锥型、弯曲型三种。

1）直锥型尾水管。直锥型尾水管为一扩散的圆锥管，是一种结构简单且性能好的形式，但尾水管过长时，会增加厂房下部开挖量，常用于小型水电站。

2）弯管直锥型尾水管。此种形式由弯管和直锥管两部分组成，结构简单，但因其水流方向发生急剧变化，水力损失大，效率低。一般用于中小型卧式水轮机，与水轮机配套生产。

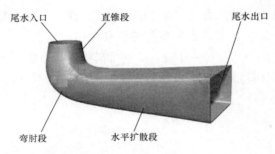

图 1-12　弯肘型尾水管

尾水入口　直锥段　尾水出口　弯肘段　水平扩散段

3）弯曲型尾水管（弯肘型）。此形式尾水管有圆锥段、弯管段（肘管）、水平扩散段三部分组成（图 1-12），应用最广泛。

a. 直锥段。断面为圆形，其作用是扩散水流，降低弯管入口流速，减小弯管段水头损失。

b. 弯管段。弯管段又名肘管，是尾水管中几何形状最复杂的一段。其作用是：将断面形状由圆形过渡到矩形；改变水流方向为水平方向；使水流在水平方向达到最大扩散，以便与水平扩散段相连。

c. 水平扩散段。为一矩形断面段，一般宽 B 不变，底板为水平，顶板上翘。为避免水流脱壁增加水头损失，仰角 α 不能太大，一般取 $10°\sim13°$。

2. 轴流式水轮机主要过流部件

轴流式水轮机（图 1-13）的一些部件与混流式水轮机基本相同，主要区别在于转轮，轴流式水轮机由轮毂、轮叶、泄水锥组成。轮叶数目一般为 3～8 片，数目随水头增加而增加。

轴流式水轮机分为定桨式和转桨式两种。定桨式水轮机轮叶固定在轮毂上（焊接在轮毂上或与轮毂整体铸造），工作过程中，叶片装置角不能改变，叶片形状为扭曲状，轮叶厚度从边缘到根部逐渐变厚。转桨式水轮机在工作过程中，叶片装置角可随水流变化而调整，叶片旋转角度称为轮叶的转角（φ），规定设计工况 $\varphi=0°$。φ 的一般范围为 $-15°\sim20°$，开启方向为"＋"，关闭为"－"。转桨式水轮机轮叶的转动由布置在轮毂内的叶片操作机构通过油压来操纵，其动作由调速器自动控制。

3. 斜流式水轮机主要过流构件

斜流式水轮机是介于轴流式和混流式水轮机之间的一种形式，故其结构既与轴流式有相似处，又与混流式有相似处，其蜗壳、导水机构与混流式水轮机相同，叶片的转动机构与轴流转桨式水轮机基本相同。不同的是斜流式水轮机轮叶数目较多（8～15片），叶片转动轴线与水轮机轴线成锐角相交（交角30°～60°），水头越高交角越小。图1-14为斜流式水轮机转轮结构。由于斜流式水轮机轮叶装置角可调整，故其适应水头和流量变化范围较大，比混流式水轮机更能适应负荷变化。

图1-13　轴流式转轮

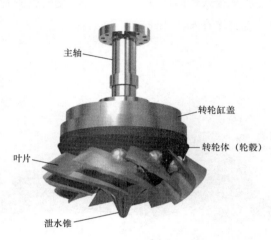

图1-14　斜流式水轮机转轮

4. 贯流式水轮机主要组成构件

贯流式水轮机（图1-15）是一种由轴流式水轮机发展而来的机型。实质上是卧式轴流式水轮机，两者的区别是：①贯流式没有蜗形进水室和弯曲形尾水管；②贯流式的轴为卧轴，其引水管、导水机构、转轮、尾水管均布置在一直线上。贯流式水轮机亦可分为定桨、转桨两种。贯流式水轮机水流由于水流是直贯流入和流出，不转弯，则其水力损失小、效率高，利用率可达90%～92%，过流能力强，且尺寸小。贯流式水轮机多用于低水头的河床式水电站和潮汐式水电站。

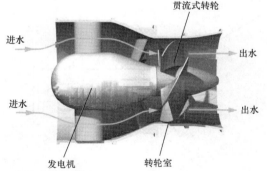

图1-15　贯流式水轮机

二、冲击式水轮机的主要过流部件

冲击式水轮机（切击式）的主要过水部件按水流方向依次为进水管、喷管、转轮、外调节机构、副喷嘴、机壳。

1. 进水管

水轮机的进水管（图1-16）均由直线段、肘管、分叉管、环形收缩流道和导流体组成。多喷嘴水斗式水轮机的进水管是一个具有极度弯曲和分叉的变断面输水管，并在装有喷射机构的区域内设有导流体。进水管的作用是引导水流，并将过机流量均匀分配给各喷管。

2. 转轮

作用：将水能转化为旋转机械能。转轮是核心部件，由叶片和轮盘组成。叶片为沿轮盘圆周均布的勺形叶片，数目常为 12～14 个。

切击式水轮机转轮（图 1-17），水斗像两只半勺，中间有一道分水刃，射向水斗的水流由此均匀地向两侧分开，来减少水流的碰撞损失，分水刃比较薄，尖端如刀刃。叶片顶端有一缺口，以确保水流能冲击后面的叶片，使转轮能充分利用水流能量，从而提高水轮机效率。为提高水斗强度在水斗背面设加劲肋。

图 1-16　冲击式水轮机进水管　　　　　图 1-17　冲击式水轮机转轮

斜击式水轮机转轮（图 1-18），斗叶形状为单曲面，如半个切击式转轮的叶片，结构简单。

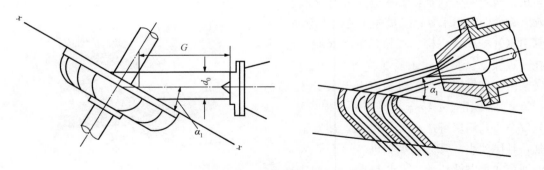

图 1-18　斜击式水轮机转轮工作示意图

3. 喷嘴与针阀

喷嘴作用（图 1-19）：将水流压力势能变为动能，形成射流（射流速度 $v = k_v \sqrt{2gH}$，$k_v = 0.98 \sim 0.99$，并以一定方向冲击转轮，使转轮旋转，完成能量转换。

针阀作用：调节进水流量，以调节水轮机出力。

结构为一杆带一尖头，通过拉动杆使针阀呈现全开、全关、半关三种状态，从而调节流量。针阀头与喷嘴口摩擦，均由不锈钢制成，其他由普通钢制成。

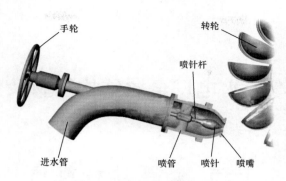

图 1-19　冲击式水轮机喷嘴

4. 折流板

折流板的主要作用为：当机组突然丢弃负荷时，折流板先转动，以减小水锤压力。在转轮工作时，折流板呈奎拉状，不影响转轮转动。当外界机组负荷丢弃不能迅速关闭针阀时，因为水惯性大，水流压能过大，如水管猛关时，还有几滴水溢出；但是太慢时，会使转轮转速飞逸，离心力太大会飞出去，因此在喷嘴下设折向器。

第二章 水电厂金属结构用材及制造

第一节 金属材料简述

水电厂中广泛使用各种金属材料，其主要作用可大致分类两类：一类作为结构件，起到力学承载、载荷传递的作用，一般以钢铁材料为主，例如水轮机组的转轮、大轴、导水机构等；另外一类是起导磁、导电作用，作为导电功能件起到传输电流的作用，大多数为铝和铜合金，例如发电机的转子、定子。本节主要以结构材料为主，选取几种常用的金属材料，碳素钢、不锈钢、铜及其合金，进行简要介绍。

一、碳素钢

钢铁是以铁和碳为主要元素组成的合金，按照含碳量的不同分为纯铁、钢和铸铁。纯铁强度低、硬度低，一般不用于制作结构件。铸铁中碳含量高、脆性大、可焊性能差，只能用于制作小部分承担压应力的结构件。钢由于其良好的综合性能，是水电厂设备主要结构件制作材料。

按照化学成分进行分类，钢分为碳素钢和合金钢两类。碳素钢中除铁、碳和限量以内的硅、锰、磷、硫等杂质外不含合金元素，其价格低廉、加工成型容易，并且适应性强，可以满足大部分常温常压条件使用要求，因此是水轮发电机组的主要承力部件。

水电厂金属结构中使用的碳素钢主要有碳素结构钢和优质碳素结构钢等。碳素结构钢含碳量为 $0.05\%\sim0.70\%$，个别可高达 0.90%。由于碳素结构钢主要是承受各种载荷，因此要求有较高的屈服强度、良好的塑性和韧性，以保证工程结构的可靠性。

碳素结构钢的牌号主要由两部分组成，首写字母 Q 表示屈服的拼音首字母，数值表示其最低屈服强度值，例如 Q235 钢，表示该碳素结构钢的最低屈服强度值为 235MPa。

碳素结构钢的显微组织通常为铁素体＋珠光体，图 2-1 所示为 Q235 钢的显微组织。随着钢中碳含量增加，组织中珠光体含量增加，钢的强度也增大，但是塑性会下降。

优质碳素结构钢钢质纯净，杂质少，力学性能好，可经热处理后使用。优质碳素结构钢牌号以两位阿拉伯数字或阿拉伯数字与元素符号组成，其中牌号中两位数字表示的

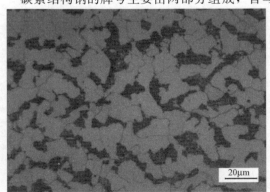

图 2-1 Q235 钢的显微组织

是碳的平均质量分数（以万分之几表示），例如45号钢表示碳的平均质量分数为0.45%的优质碳素结构钢。如果牌号中有元素符号，则表示该优质碳素结构钢中该元素含量较高，例如20Mn钢，表示碳的平均质量分数为0.20%，且Mn含量较高的优质碳素结构钢。

优质碳素结构钢含碳量在0.25%以下，多不经热处理直接使用，或经渗碳、碳氮共渗等处理，制造中小齿轮、轴类、活塞销等；含碳量在0.25%～0.60%，典型钢号有40、45、40Mn、45Mn等，多经调质处理，制造各种机械零件及紧固件等；含碳量超过0.60%，如65、70、85、65Mn、70Mn等，多作为弹簧钢使用。

碳素结构钢在水电厂金属结构中的应用有很多，例如导水机构、大轴、水工金属结构、油气水管道等公用系统等。

二、不锈钢

当设备服役条件较为苛刻，碳素钢已经不能满足其使用要求，这就需要在碳素钢中添加一种或多种合金元素，形成合金钢。合金钢的牌号是按碳的质量分数、合金元素的种类和数量以及质量级别来编号的，在牌号之首用数字表明碳的质量分数，然后用元素符号表明钢中的主要合金元素，质量分数由其后缀的数字表示，平均质量分数小于1.5%时不标，平均质量分数为1.5%～2.49%、2.5%～3.49%、……时，相应的标出2、3、……。例如4CrW2Si合金钢，其含碳量为0.40%，Cr和Si含量低于1.5%，W含量为2.0%。

合金钢的钢种繁多，分类方法也不相同，如按合金元素含量的多少分为高合金钢（合金质量分数大于10%）、中合金钢（合金质量分数为10%～5%）和低合金钢（合金分数低于5%）。也可以按照用途分为结构钢、工具钢和特殊性能钢。特殊性能钢中有一类在水电金属结构中使用量很大，这就是不锈钢。顾名思义，不锈钢在抵御腐蚀环境防止工件锈蚀方面具有优势。

不锈钢之所以具有良好的抗腐蚀性能，主要是因为不锈钢的成分和组织不同于一般的碳素钢。不锈钢中含有一定含量的铬，能够在钢表面生成一层保护性的氧化膜，该氧化膜和钢牢固结合，阻碍腐蚀过程进一步发生，从而使得钢材得到保护。一般情况下，在中性溶液（pH＝7）和大气腐蚀条件下，要生成这种保护性氧化膜的临界铬含量$W(Cr)$约为12%。不同的研究者有不同的临界铬含量，一般$W(Cr)$为8%～12%。常用奥氏体不锈钢中铬含量一般保持在18%左右，因此在大气环境中保持不被锈蚀。常用不锈钢的组织为奥氏体组织，其显微组织见图2-2。

不锈钢并非完全抗腐蚀，其防腐的效果与具体服役环境介质特点密切相关，特别是介质的氧化性能。在氧化性介质如硝酸中，NO_3^-是氧化性的，不锈钢表面氧化膜容易形成，钝化时间也短。在非氧化性介质，如稀硫酸、盐酸、有机酸中，含氧量低，钝化所需时间要延长。当介质中含氧量低到一定程度后，不锈钢就不能钝化，如在稀硫酸中，铬不锈钢的腐蚀速度甚至比碳钢还快。

图2-2　奥氏体不锈钢显微组织

不锈钢按照显微组织可以进一步细分为奥氏体不锈钢、铁素体不锈钢、马氏体不锈钢和复相不锈钢。奥氏体不锈钢铬含量大于 18%，还含有 8% 左右的镍及少量钼、钛、氮等元素，综合性能好，可耐多种介质腐蚀。奥氏体不锈钢在室温下呈奥氏体状，具有良好的塑性、韧性、焊接性、耐蚀性能和无磁或弱磁性，在氧化性和还原性介质中耐蚀性均较好。典型的奥氏体不锈钢有 0Cr19Ni9、1Cr18Ni9Ti、00Cr19Ni10、00Cr18Ni18Mo2Cu2 等。

马氏体不锈钢含铬 13% 左右，因含碳较高，故具有较高的强度、硬度和耐磨性，但耐蚀性稍差，用于力学性能要求较高、耐蚀性能要求一般的一些零件上，如转轮叶片、弹簧、水压机阀等，常用牌号有 1Cr13、3Cr13 等。20 世纪 80 年代，水轮机转轮和导水机构还多使用碳钢铸造焊接，而近十年的新转轮和导水机构基本已经使用 Cr13Ni4 系列马氏体不锈钢制造。马氏体不锈钢转轮及导水机构具备良好的抗空蚀能力，很好的解决了碳钢铸造转轮空蚀严重的问题。

铁素体不锈钢含铬 15%～30%，其耐蚀性、韧性和可焊性随含铬量的增加而提高，耐氯化物应力腐蚀性能优于其他种类不锈钢。铁素体不锈钢因为含铬量高，耐腐蚀性能与抗氧化性能均比较好，但机械性能与工艺性能较差，多用于受力不大的耐酸结构及作抗氧化钢使用。典型钢种有 0Cr17Ti、Cr25Ti、Cr26Mo1 等。

三、铜及铜合金

铜合金作为结构材料，具有较好的减摩、耐磨性能；作为导电材料，纯铜是比纯铝更为优秀的导体，仅次于银，广泛应用于发电机转子、定子等结构。

纯铜因呈紫红色又叫紫铜，按成分可分为：普通纯铜（T1、T2、T3、T4）、无氧铜（TU1、TU2 和高纯、真空无氧铜）、脱氧铜（TUP、TUMn）等。纯铜的典型显微组织如图 2-3 所示。

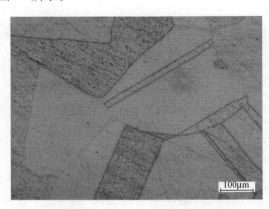

图 2-3　T2 纯铜的显微组织

以纯铜为基体加入一种或几种其他元素所构成的合金就称为铜合金。常用的铜合金分为黄铜、青铜、白铜。

黄铜是由铜和锌为主要元素所组成的铜合金，按照是否添加其他元素又分为普通黄铜和特殊黄铜。为改善普通黄铜的性能，通过添加其他元素，如铝、镍、锰、锡、硅、铅等形成特殊黄铜。铝能提高黄铜的强度、硬度和耐蚀性，但使塑性降低，适合作冷凝管等耐蚀件。锡能提高黄铜的强度和对海水的耐腐性，故称海军黄铜，多用作船舶热工设备。铅能改善黄铜的切削性能。

青铜是我国使用最早的合金，至今已有 3000 多年的历史。锡青铜的铸造性能、减摩性能好和机械性能好，适合于制造轴承、蜗轮、齿轮等。铅青铜是现代发动机和磨床广泛使用的轴承材料。铝青铜强度高，耐磨性和耐蚀性好，用于铸造高载荷的齿轮、轴套、船用螺旋桨等。磷青铜的弹性极限高，导电性好，适于制造精密弹簧和电接触元件，铍青铜还用来制造煤矿、油库等使用的无火花工具。

白铜是以铜和镍为主要元素的铜合金。按照是否添加其他元素又分为普通白铜和复杂白铜。复杂白铜通常添加锰、铁、锌、铝等元素，其中锰白铜是制造精密电工仪器、变阻器、精密电阻、应变片、热电偶等用的常用材料。

铜及铜合金在水电厂中主要使用在轴瓦、轴套内衬、发电机线圈等部位。

第二节　水电厂金属结构关键部件用材

一、座环、蜗壳

座环、蜗壳是混流式水轮机埋入部分的两大部件，它们既是机组的基础件，又是机组通流部件的组成部分，它们承受着随机组运行工况改变而变化的水压分布载荷以及从顶盖传导过来的作用力。座环一般为上、下环板和固定导叶等组成的焊接结构。蜗壳采用钢板焊接，蜗壳通过与座环上、下环板的外缘上碟形边或过渡板焊接成一整体，其焊缝需要严格探伤检查，必要时还需要进行水压试验。

蜗壳从制造上可分为铸造蜗壳和焊接蜗壳。铸造金属蜗壳一般采用 ZG25 或者 ZG30 制造，要求有良好的铸造和焊接性能。焊接蜗壳的钢板，主要有 Q235、Q345、15MnTi 等碳素钢和低合金钢。表 2-1 为焊接蜗壳常用钢板的化学成分。其材料性能除保证足够的强度外，还应有良好的工艺性（冷弯）、可焊性（常温焊接、焊后不热处理）、抗冷脆性（低温或复杂应力下不发生脆裂）等。

表 2-1　　　　　　　　　　　　　　　蜗壳用钢材化学成分表

钢板名称	化学成分						
	C	Mn	Si	Ti	V	S	P
Q235	0.14～0.22	0.45～0.65	0.12～0.30	—	—	≤0.045	≤0.055
20G	0.16～0.24	0.35～0.65	0.15～0.30	—	—	≤0.045	≤0.045
Q345	0.12～0.20	1.2～1.6	0.2～0.6	—	—	≤0.05	≤0.05
15MnTi	0.12～0.20	1.2～1.6	0.2～0.6	0.12～0.20	—	≤0.05	≤0.05
15MnV	0.12～0.18	1.0～1.6	0.2～0.6	—	0.04～0.12	≤0.05	≤0.05

大型机组的蜗壳一般都在工地焊接。实践表明，根据我国各地区气候条件，在钢板厚度不超过 30mm 的情况下，工地现场焊接后不进行热处理，其内应力可控，不至于影响整体焊接质量。目前国内常用和推荐采用的蜗壳钢板性能和许用应力值列于表 2-2。

表 2-2　　　　　　　　　　　　　　　金属蜗壳用钢材的力学性能

钢材名称	机械性能				许用应力（MPa）
	屈服强度（MPa）	抗拉强度（MPa）	伸长率（%）	冲击韧性（J）	
Q235	≥240	≥450	≥25	≥7	130
20G	≥250	≥460	≥24	≥7	130
Q345	≥345	≥520	≥21	≥6	160
15MnTi	≥400	≥540	≥18	≥6	180

座环可以采用 ZG30 钢铸铸造，也可以采用铸焊或全焊结构，铸焊结构中、上、下环和固定导叶分别铸造后组焊成一体，考虑改善焊接性能，铸件可采用 ZG20SiMn 铸钢，焊缝设在固定导叶的两端，这种结构的主要缺点是机械加工量大。全焊结构中，上、下环全用钢板焊接，固定导叶有的采用铸造，有的则采用钢板。这种全焊结构的机械加工量小，材料消耗小，是大型机组设计中采用比较合适的结构。固定导叶如采用钢板压制，则可适当增加固定导叶数目，使其厚度减小容易压制成型。

二、转轮

随着机组容量和尺寸增大，对转轮的性能也要求越来越高；从力学性能上要求能保证其强度和刚度；从水力上要求耐腐蚀，特别是耐空蚀、抗泥沙磨损；从工艺上又要求有良好的铸造、焊接和加工性能。

表 2-3 和表 2-4 分别是转轮制造中采用的一些典型钢种的化学成分和力学性能。ZG30 是 20世纪使用最广的一种，它具有一定的强度和抗空蚀性能，在一般碳素钢中，它的铸造和焊接性能最好。ZG20MnSi 的力学性能稍高于 ZG30，铸造和焊接性能优良，所以适合于焊接转轮上使用。

表 2-3 　　　　　　　　　　　　　转轮常用钢种化学成分

钢号	化学成分					
	C	Si	Mn	Cr	Ni	Mo
ZG30	0.27～0.35	0.17～0.37	0.5～0.8	—	—	—
ZG20MnSi	0.16～0.22	0.6～0.8	1.0～1.3	—	—	—
ZGCr13Ni2	0.1	0.5	0.6	11.5～13.5	1.9～2.2	0.5～0.7
ZGCr13Ni4	0.08	0.5	0.6	11.5～13.5	3.8～4.2	0.5～0.7
ZG06Cr13Ni5Mo	≤0.06	≤1.0	≤1.0	15.5～17.5	4.5～6.0	0.4～1.0

表 2-4 　　　　　　　　　　　　　转轮用钢材的力学性能

钢号	力学性能（MPa）			
	屈服强度（MPa）	抗拉强度（MPa）	伸长率（%）	冲击值（J）
ZG30	260	480	17	3.5
ZG20MnSi	300	520	16	5
ZGCr13Ni2	300	650	15	8
ZGCr13Ni4	300	600	15	10
ZG06Cr13Ni5Mo	≥550	≥750	≥35	≥50

不锈钢材料具备高强度、韧性好、耐空蚀和抗泥沙磨损，并且也具有很好的铸造和焊接性能，在转轮上使用较为理想，但是成本相对较高。其中 ZGCr13Ni6N 较适合于大中型焊接转轮，ZGCr14Ni2 较适宜于小型整体铸造转轮。ZGCr13Ni4 一般介于上述两者之间。目前，转轮叶片广泛使用的马氏体不锈钢有 ZG06Cr13Ni4Mo、ZG06Cr13Ni5Mo、ZG06Cr13Ni6Mo、ZG06Cr16Ni5Mo 等。

采用 ZG30、ZG20MnSi 做材料的转轮，为了提高其抗空蚀和抗泥沙磨损的性能，在转轮过流表面容易产生空蚀、磨损的部位，如叶片和下环内侧，堆焊抗空蚀、磨损材料。通常在叶片的背面堆焊不锈钢焊条，工作面堆焊耐磨焊条。转轮的制造工艺复杂，具体工艺流程见图 2-4。

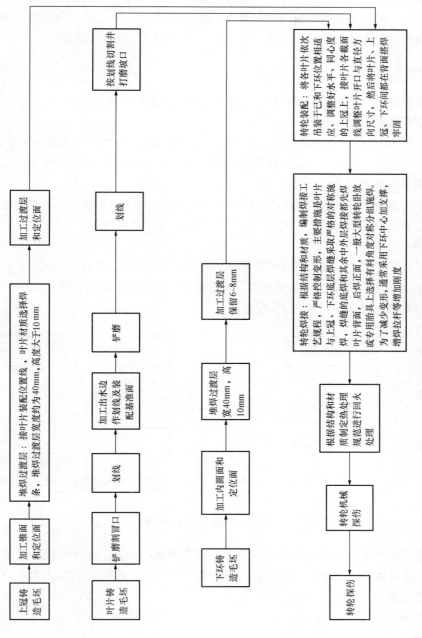

图 2-4 混流式转轮焊接生产工艺流程

三、主轴

主轴是水轮机重要部件之一，其作用是承受水轮机转动部分重量及轴向水推力所产生的拉力，同时传递转轮所产生的扭矩。所以水轮机主轴同时承受拉、扭及径向力的综合作用。

水轮机主轴一般采用优质碳素结构钢制造，包括 35 号、40 号、45 号钢以及 20MnSi 钢等，以上钢种的化学成分和力学性能要求可参考 GB 699—1999《优质碳素结构钢》。

四、螺栓紧固件

螺栓标准件材料主要有碳素钢螺栓、不锈钢螺栓、铜螺栓三种材料。

（1）碳素钢螺栓。

低碳钢，C％≤0.25％。主要用于 4.8 级螺栓及 4 级螺母、小螺丝等无硬度要求的产品。

中碳钢，0.25％～0.45％，目前使用较多，如 35 号、40 号钢，采用淬火＋高温回火（调质处理）后能获得比较好的综合力学性能。

低合金钢，如 40CrMo 钢，也在高强度螺栓的制备过程中大量采用。热处理制度与中碳钢的热处理制度基本一致。

（2）不锈钢螺栓。

不锈钢螺栓主要分奥氏体不锈钢螺栓（18％Cr，8％Ni），耐热性好，耐腐蚀性好，可焊性好；马氏体不锈钢螺栓（13％Cr），强度高，耐磨性好；铁素体不锈钢螺栓（18％Cr），镦锻性较好，耐腐蚀性强于马氏体，如图 2-5 所示。

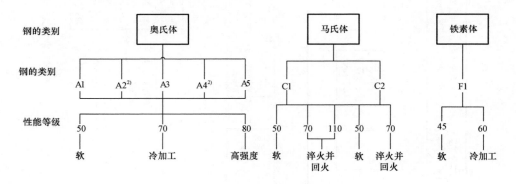

图 2-5　合金钢螺栓的分类图

合金钢螺栓的性能等级标记由 2 个或者 3 个数字组成，表示紧固件抗拉强度的 1/10，如 A2-70 表示：奥氏体钢，冷加工，最小抗拉强度 700MPa；C4-70 表示：马氏体钢，淬火并回火，最小抗拉强度 700MPa。

（3）铜制螺栓。

常用材料为锌铜合金。市场上主要用 H62、H65、H68 铜做标准件。

当使用 12.9 级螺栓时，应谨慎从事。紧固件制造者的能力、服役条件和扳拧方法都应仔细考虑。除表面处理外，使用环境也可能造成紧固件的应力腐蚀开裂。

水电厂高强螺栓在材质上，一般是采用碳素结构钢，如 Q345、Q420 钢，或者低合金结构钢如 42CrMo、40Cr 钢，采用后者制作的螺栓需进行调质处理（淬火＋高温回火）才能获得较好的综合性能。部分部件由于服役环境限制，也采用不锈钢螺栓，例如和不锈钢阀门连接的螺栓或者是不锈钢阀门本体上的螺栓，为避免接触腐蚀，一般采用不锈钢制造。

按照强度等级分类是水电厂螺栓最为广泛的一种分类方式。水电厂用的螺栓一共分为 10 个强度等级，从低到高分别为 3.6、4.6、4.8、5.6、5.8、6.8、8.8、9.8、10.9 和 12.9。其中 8.8 级及以上的强度等级螺栓被称作高强螺栓。

强度等级中的第一个数值代表该螺栓公称抗拉强度 σ_b 的 1/100，第二个数值代表螺栓公称屈服点 σ_s 或者公称屈服强度 $\sigma_{0.2}$ 和公称抗拉强度 σ_b 比值（即屈强比）的 10 倍。前后两个数值的乘积表示公称屈服点 σ_s 或公称屈服强度 $\sigma_{0.2}$ 的 1/10。例如强度等级为 8.8 级的螺栓，其公称抗拉强度 σ_b 为 800MPa，其公称屈服强度 $\sigma_{0.2}$ 为 640MPa，螺栓的强度等级一般标记在螺栓头部顶面或头部侧面，见图 2-6。

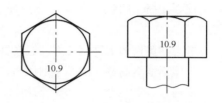

图 2-6　螺栓强度等级标记示意图

五、压力钢管

强度、塑性、韧性、焊接性是压力钢管用钢的四个质量特征：①按现行压力钢管设计标准，受压部件的强度计算以弹性失效为设计准则，因此压力钢管用钢首先具有足够的强度；②要有良好的塑性，以满足钢管卷制成型时制造工艺的需要；③要有良好的韧性，是为了避免钢管在承受骤然或意外载荷（水锤）时造成脆性破坏；④要有优良的焊接性，因为压力钢管是焊接件。而采用焊接性优良的钢材，可以降低压力钢管的施工难度、节省工程投资。

由于水电站压力钢管属于中低压、中低温压力容器范畴，所以采用钢板的性能一般应复核压力容器用钢的相关标准要求。如：GB 6654—1996《压力容器用钢板》、GB 3531—1996《低温压力容器用低合金钢钢板》、GB 19189—2003《压力容器用调质高强度钢板》。

目前国内水电站压力钢管用钢主要采用 3 个强度级别，如 500MPa、600MPa 和 800MPa 级。

16MnR(Q345) 钢是水电站压力钢管用国产 500MPa 级钢的主要材料。该钢的供货状态为正火。16MnR 钢具有良好的力学性能，加工工艺性能和优良的焊接性。

压力容器用 600MPa 级钢板有 HT60 和 HT60CF 两大类。HT60CF 钢是日本开发的一种屈服强度不小于 490MPa、抗拉强度不小于 610MPa 的焊接无裂纹钢，其特点是碳含量低，不预热或稍加预热就可进行焊接。

目前国内大多数抽水蓄能电站，由于水头较高，为了减小压力钢管、蜗壳和岔管的壁厚、降低施工和焊接难度，往往采用 800MPa 级高强度钢板。

六、尾水管

尾水管位于转轮下方，是主要的通流部件，主要作用是引导进出转轮的水流。水流经过转轮做功后，水能大大降低，尾水管中的水压相对压力钢管的水压要低很多，因此尾水管在钢材选用等级上要比压力钢管低，目前尾水管常用钢种有 Q235、Q345 钢等碳素结构钢。

七、油气水公用系统

油气水公用系统主要作用是为水轮发电机组供水、供油、供气，以起到冷却、润滑、控制等作用。油气水公用系统可以简单的分为两部分：管道、阀门。

公用系统管道一般采用普通碳素结构钢或者奥氏体不锈钢制造。早年的供水系统管道弯头，一般采用 Q235 钢现场卷制焊接、或者拼接焊接而成，由于早年现场焊接质量参差不齐，易出现焊接质量问题。现今考虑到质量控制，减少现场施工环节，管道弯头一般采用铸造管道。

考虑到奥氏体不锈钢良好的抗锈蚀能力，水轮发电机组供水管道、消防管道已开始逐步采用奥氏体不锈钢制造，减小运维压力。其中以 304、316 不锈钢使用最为广泛。

依据 GB/T 12229—2005《通用阀门 碳素钢铸件技术条件》，通用阀门的型号有：WCA、WCB、WCC，其牌号的基本含义是：W 表示可焊接的，C 表示为铸造的，A、B、C 则表示碳素铸钢的强度等级，其中 A 为较低强度的，B 为中等强度的，C 为较高强度的。当强度要求较高时，应采用 WCC，因为 WCC 中的 Mn 的含量较高，对钢的强化作用提高，抗拉强度值也随之提高。阀门的主要参考标准有：JB/T 5263—2005《电站阀门铸钢件技术条件》、GB/T 19672—2005《管线阀门技术条件》、GB/T 12229—2005《通用阀门 碳素钢铸件技术条件》、JB/T 7248—2008《阀门用低温钢铸件技术条件》。

八、水工金属结构

闸门用于关闭和开放泄水通道的控制设施，也是水工建筑物的重要组成部分，可用以拦截水流，控制水位、调节流量、排放泥沙和飘浮物等。

闸门的受力环境相对较为简单，主要采用碳素结构钢（Q235）、低合金高强度结构钢（Q345、Q420 等）等材料制造，部分闸门也开始采用不锈钢（0Cr18Ni9、1Cr18Ni9、0Cr18Ni10Ti、1Cr18Ni9Ti）制造，闸门所用钢种应满足 DL/T 5018—2004《水电水利工程钢闸门制造安装及验收规范》。

九、轴瓦

水轮发电机组工作时，转轮带动大轴、发电机转子一起转动，这时，就需要轴承起到支撑作用。导轴承主要起到承受机组转动部分的径向机械不平衡力和电磁不平衡力，维持机组主轴在轴承间隙范围内稳定运行，一般机组会配备有三个导轴承：上导、下导、水导；推力轴承是用来专门承受轴向力的专用轴承，就是轴平行的方向的力的轴承。

轴承工作时，轴瓦与转轴之间要求有一层很薄的油膜或者水膜起润滑、冷却作用。如果润滑不良，轴瓦与转轴之间就存在直接的摩擦，发生直接摩擦产生的高温足以将其烧坏。轴瓦还可能由于负荷过大、温度过高、润滑油或者冷却水存在杂质或黏度异常等因素造成烧瓦。

轴瓦的材料的特点是：摩擦系数小、有足够的疲劳强度和良好的耐腐蚀性。常用的轴瓦材料有巴氏合金、铜合金、粉末冶金以及灰铸铁和耐磨铸铁等。导轴承、推力轴承的轴瓦就有采用巴氏合金制造。

巴氏合金是一种软基体上分布着硬颗粒相的低熔点轴承合金。巴氏合金的组织特点是，在软相基体上均匀分布着硬相质点，软相基体使合金具有非常好的嵌藏性、顺应性和抗咬合性，并在磨合后，软基体内凹，硬质点外凸，使滑动面之间形成微小间隙，成为贮油空间和润滑油通道，利于减摩；上凸的硬质点起支承作用，有利于承载。

按国家标准，巴氏合金可以分为锡基合金和铅基合金两种。铅基合金的强度和硬度比锡基合金低，耐蚀性也差。其常用的牌号有 ZChSnSb11-6、ZChSnSb8-4、ZChSnSb8-8 等。尽管铅基合金的性能没有锡基合金好，但是有许多客户仍然选择使用，因为它使用起来比较经济，其常用的牌号有 ZChPbSb16-16-2、ZChPbSb1-16-1 等。

十、磨损、损耗件

水轮发电机组是一个整体的转动部件，因此在结构上有不少密封件、抗摩件。如抗磨瓦、导叶轴承内衬、接力器推拉杆内衬等，这些部件经常与对偶件发生相对摩擦，随着服役年限延长，发生一定程度的磨损。为保证服役寿命，减小机组运行过程中的磨损，主要采用摩擦系数小的减摩材料制造，如黄铜、青铜、聚四氟乙烯、尼龙以及其他复合材料。

黄铜是由铜和锌为主要元素所组成的铜合金，按照是否添加其他元素又分为普通黄铜和特殊黄铜。为改善普通黄铜的性能，通过添加其他元素，如铝、镍、锰、锡、硅、铅等形成特殊黄铜。当含锌量小于 35％ 时，锌能溶于铜内形成单相 α，称单相黄铜，塑性好，适于冷热加压加工。当含锌量为 36％～46％ 时，有 α 单相还有以铜锌为基的 β 固溶体，称双相黄铜，β 相使黄铜塑性减小而抗拉强度上升，只适于热压力加工。若继续增加锌的质量分数，则抗拉强度下降，无使用价值。

黄铜代号用"H＋数字"表示，H 表示黄铜，数字表示铜的质量分数。如 H68 表示含铜量为 68％，含锌量为 32％ 的黄铜，铸造黄铜则在代号前加"Z"字，如 ZH62。一般情况下，冷变形加工用单相黄铜热变形加工用双相黄铜。

青铜是在纯铜中加入锡或铅的合金，与纯铜相比，青铜强度高且熔点低，25％的锡冶炼青铜，熔点就会降低到 800℃，而纯铜的熔点为 1083℃。青铜铸造性好，耐磨且化学性质稳定，适合制造轴承、蜗轮、齿轮等。

青铜中锡的含量一般为 3％～14％，此外还常常加入磷、锌、铅等元素，可分为加工锡青铜和铸造锡青铜。用于压力加工的锡青铜含锡量低于 6％～7％，铸造锡青铜的含锡量为 10％～14％。青铜的编号规则是：Q＋主加元素符号＋主加元素含量（＋其他元素含量）。"Q"为青的汉语拼音第一个字母。如 QSn4-3 表示成分为 4％Sn，3％Zn，其余为铜的锡青铜。常用牌号有 QSn4-3，QSn4.4-2.5，QSn7-0.2，ZQSn10，ZQSn5-2-5，ZQSN6-6-3 等。

十一、导水机构

活动导叶是以最小的水力损失把水流均匀地导向转轮，并使进入转轮之前的水流量具有必要的环量；调节进入转轮水的流量，使水轮机处理满足转轮及负荷的需要，保证发电机正常发电；在机组正常停机或事故停机时，截断水轮机的水流通道，确保机组安全运行。

随着大型机组的制造，活动导叶的尺寸与重量明显加大，质量检验与质量控制难度也相应增大，因此如何做好导叶的质量检验与质量控制尤为重要。影响活动导叶加工制造的质量因素主要有：铸件材质，产品结构和加工工艺，测量误差和过程质量控制，操作人员技能，机床精度，工装刀具等。

活动导叶目前多采用马氏体不锈钢 06Cr13Ni5 铸造成粗坯，后续采用高精度机加工成相应的设计流线，活动导叶粗坯的铸造质量、机加工质量是影响活动导叶制造质量的两个关键因素。

导水机构还包括一整套控制活动导叶的传动系统：拐臂、调速环、推拉杆、接力器等。以上结构多采用普通碳素钢或者低合金钢铸焊而成。

十二、机架

机架一般都由一个中心体和一些支臂组成，采用钢板焊接结构。小型机组可在工厂内将支臂与中心体焊接在一起。大型机组由于运输尺寸的限制，需要采用支臂可拆卸的机架，中心体与支臂通过连接板在安装工地组合，也有运到工地后再将支臂与中心体组焊的。

一般情况下，机架的中心体就是轴承的油槽，但是也有将油槽置于机架上面的。如有些悬式发电机的上机架，本来就是承重机架，又是安装在定子机座上，跨度较大，考虑机架的挠度值不能过大，因而需要增加其高度，所以就会将油槽置于机架之上。

机架主要考虑其刚度、强度，主要采用碳素钢或者低合金钢制造。在制造工艺上，通常采用全焊结构。

第三章　水电厂金属结构的分类监督管理

水电厂金属结构部件众多，大到转轮、压力钢管，小到螺栓，都属于金属结构，尽管水电厂金属结构部件众多，但可以科学地建立起分类管理办法，对金属结构部件进行分类技术监督管理。

按照多年的管理经验，可以将水电厂金属结构部件分为四类：过流件、转动件、紧固件、一般焊接件。每类部件在技术监督要点、失效形式等方面存在一定共性，因此可以分类管理，对其存在的共性设备问题，有针对性的开展技术监督工作。

第一节　过　流　件

过流件，顾名思义，即有水流流过的部件，主要包括压力钢管、蜗壳、导水机构（固定导叶、活动导叶）、座环、转轮、尾水管、顶盖等部件。由于在机组运行中，水流水力与过流件相互作用，易导致过流件失效破坏。过流件的技术监督管理重点包括以下三项。

（1）过流件结构设计的合理性。是否存在结构不合理而导致局部应力集中。

（2）过流部件的焊接质量。由于过流件一般也是焊接件，因此也应该加强焊接质量管理，开展焊缝检测工作。

（3）水力与过流件的相互作用。机组运行中，水流与过流部件相互作用，因此有必要对水力因素进行监测。

一、过流件本身结构的合理性

过流件的结构合理性主要是指结构设计上，局部强度是否足够，是否存在结构突变。水力在机组运行中持续作用于过流件上，明显的结构突变易导致局部应力集中，在水力的长期交变作用下，易出现疲劳裂纹，如图 3-1 所示。

二、过流件的制造工艺

钢管、转轮、尾水管等重要过流件，也都是焊接件，因此焊缝质量也较为关键。焊接质量差，焊缝不合格，会大大削弱局部强度，从而在水力载荷下，出现非规律性裂纹。要做好焊接质量把关验收工作以及检修期间的焊缝检验工作。

20 世纪普遍采用铸造碳钢制造转轮，典型代表有 ZG20MnSi。ZG20MnSi 具有较高的强度、铸造性能和焊接性能优良。但是抗空蚀能力稍弱。长年累月的水下服役，导致转轮的空蚀十分严重。如图 3-2 所示，空蚀会损坏转轮叶片，导致转轮出力下降，并危害机组安全，现场

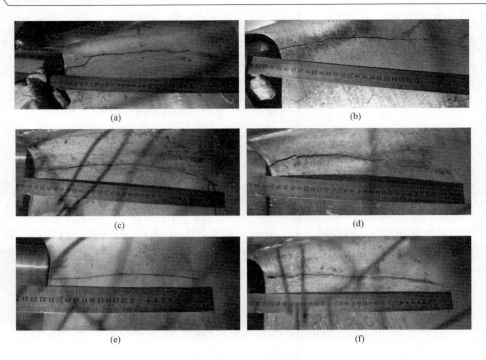

图 3-1 转轮叶片出水边裂纹

图 3-2 转轮空蚀及补焊

一般采取补焊的方法对空蚀部位进行修复,但是在现场,转轮空蚀部位的表面处理、焊接环境、热处理等都不易控制,补焊工艺上的不完备,导致补焊修复效果都不甚理想,且极易导致转轮在后续服役期间,补焊区域周边的 ZG20MnSi 部位发生集中空蚀。后续为提高该型转轮的抗空蚀性能和抗泥沙磨损的性能,在转轮制造期间,在转轮过流表面容易产生空蚀、磨损的部位,如叶片和下环内侧,堆焊抗空蚀、磨损材料。通常在叶片的背面堆焊不锈钢焊条,工作面堆焊耐磨焊条。

随着制造技术的进步,陆续发展了马氏体不锈钢转轮,典型代表有 ZG06Cr13Ni5Mo,该钢种的力学性能、抗腐蚀性能、耐空蚀性能相比 ZG20MnSi 全面提高,转轮的制造质量提升,也大大减少了转轮在服役期间的检修工作量,所以,制造工艺也是影响过流件服役状态的一个重要因素。

三、水力因素

水力因素指来自水轮机水力部分的动水压力。其特征是带有随机性，且当机组处在非设计工况或过渡工况运行时，因水流状况恶化，水力会造成机组各部件的振动明显增大。由于单位体积水流的能量取决于水头，所以机组的振动一般是随水头的降低而减弱。高水头、低负荷时振动相对而言较为严重，产生振动的水力因素主要有：卡门涡列、尾水管低频水压脉动、水力不平衡等。

1. 卡门涡列

恒定流束绕过物体时，在出口边的两侧出现漩祸，形成旋转方向相反、有规则交错排列的线涡，进而互相干扰、互相吸引，形成非线型的涡列，俗称卡门涡列。当卡门涡列的冲击频率接近于转动体叶片的固有频率时，将产生共振，并伴有较强且频率比较单一的噪声和金属共鸣声。

2. 尾水管低频水压脉动

水轮机在非设计工况下运行时，由于转轮出口处的旋转水流及脱流旋涡和空蚀等影响，在尾水管内常引起水压脉动。尤其是在尾水管内出现大涡带后，涡带以近于固定的频率在管内转动，引起水流低频压力脉动。当管内水流一经发生，压力脉动就会激起尾水管壁、转轮、导水机构、蜗壳、压力管道的振动。

3. 水力不平衡

水力不平衡是水力因素中最显著的一点。水力也是变化不定的，其对水力发电机所造成的力就会不平衡，尤其对转轮来说。水的力大多与其自身的流速有关，但是水的流速不是很稳定的，因此其产生的力就相对于机组来说就不会太稳定，从而造成机组的转轮等部件的振动。

过流件的失效可大致分为规律性失效和非规律性失效。规律性失效主要是指过流件上的失效具有大体一致的规律，例如转轮叶片失效，规律性失效几乎所有叶片都有，失效的部位和走向也大体一致。非规律性主要是指失效只集中在个别的叶片上，部位和走向也基本不一样。

失效分析结果表明：绝大多数规律性失效是疲劳裂纹，端口呈现明显的贝纹。叶片疲劳来源于作用其上的交变载荷，而交变载荷又由转轮的水力自激振动引发，这可能是卡门涡列、水力弹性振动或者水压脉动所诱发。

非规律性失效有的呈网状龟裂纹，有的呈脆性断口，也有的呈疲劳贝壳纹。这类裂纹多数由材料不良或制造质量缺陷造成。

失效处理的关键是找出产生失效的根本原因。非规律性的失效主要从制造、安装质量入手。对于规律性失效，则需要弄清楚究竟是哪些原因起主导作用，最有力的手段就是破坏部位的动应力测试。从应力频谱中分解出构成动应力主要分量的频率和幅值，进而跟踪查出相应的水力激振源。

第二节　紧　固　件

紧固件包括各种紧固螺栓及螺钉，紧固件的服役环境较为复杂，有安装于过流件上，承载水力交互作用，如顶盖座环把合螺栓，如人孔门把合螺栓；也有安装在转动件上，主要承载转动惯量，如联轴螺栓，也有安装在一般焊接件上，主要承载静态载荷。不管其服役环境如何，紧固件主要都是起到连接金属部件，传递载荷的作用，因此紧固件的安装预紧、防松就极其重要。紧固件的技术监督管理重点工作包括：①新螺栓的质量验收，包括理化抽检、超声检测；②螺栓的安装预紧，螺栓的安装预紧力是否满足要求，直接关系到载荷的传递；③螺栓的防松，建立起有效的螺栓防松方式，有利于机组运行时对螺栓进行有效监测；④螺栓的检测，利用检修机会，对螺栓进行无损检测，判断螺栓的完整性；⑤螺栓的报废，制定合理的报废制度，使得缺陷螺栓退出运行。

一、新螺栓的质量验收

经调研发现，现在制造高强螺栓的材料主要优质碳素钢（35 号、45 号钢为代表）、合金结构钢（35CrMo、42CrMo、45MnMo 钢为代表），以及不锈钢（0Cr18Ni9、0Cr17Ni12Mo2 为代表），采用手持式合金分析仪可以完成对螺栓材质的判断。相关钢种的化学成分可参考以下标准：

GB/T 3077—2015《合金结构钢》；

GB/T 699—1999《优质碳素结构钢》。

按照标准要求，强度高于 8.8 级的螺栓一般都要求进行淬火＋回火的热处理，以获得均匀细小的回火马氏体组织。通过淬火＋高温回火（调质处理），可以获得综合力学性能优良的螺栓。通过金相组织观察可以发现，力学性能不符合要求的螺栓在组织上都存在问题，如存在粗大的马氏体组织，表明螺栓热处理不到位；又如螺栓的组织为铁素体＋珠光体，表明螺栓根本就没有进行热处理，螺栓的力学性能也就得不到保障。通过试验发现，螺栓的硬度可以有效的表征螺栓的力学性能，硬度合格的螺栓力学性能基本达到要求。螺栓的力学性能要求可参考以下标准：

GB/T 3098.1—2000《紧固件机械性能　螺栓、螺钉和螺柱》；

GB/T 3098.6—2000《紧固件机械性能　不锈钢螺栓 螺钉和螺柱》。

各水电厂须重视机组检修检验、新购螺栓的质量把关工作，新购螺栓必须有质量保证书（材质证明和力学性能证明文件）、试验报告、合格证等相关质量证明文件。

二、螺栓连接的安装及预紧

水电厂螺栓安装有多种方式，目前使用比较广泛的方式有：①液压拉伸器安装；②风动扳手安装；③电加热杆安装；④普通扳手安装。

液压螺栓拉伸器（见图 3-3）简称液压拉伸器，其动力元件的作用是将原动机的机械能转换成液体的压力能，指液压系统中的油泵向液压螺栓拉伸器提供动力实现流体液压能向机械能的转化。它借助液力升压泵（超高压油泵）提供的液压源，根据材料的抗拉强度、屈服系数和伸长率决定拉伸力，利用超高压油

图 3-3　液压拉伸器

泵产生的伸张力，使被施加力的螺栓在其弹性变形区内被拉长，螺栓直径轻微变形，从而使螺母易于松动，另外也可以作为液压过盈连接施加轴向力的装置，进行顶压安装，拉伸器最大的优点是可以使多个螺栓同时被定值紧固和拆卸，布力均匀，是一个安全、高效、快捷的工具，是紧固和拆卸各种规格螺栓的最佳途径。液压拉伸器的工作原理如图 3-4 所示。

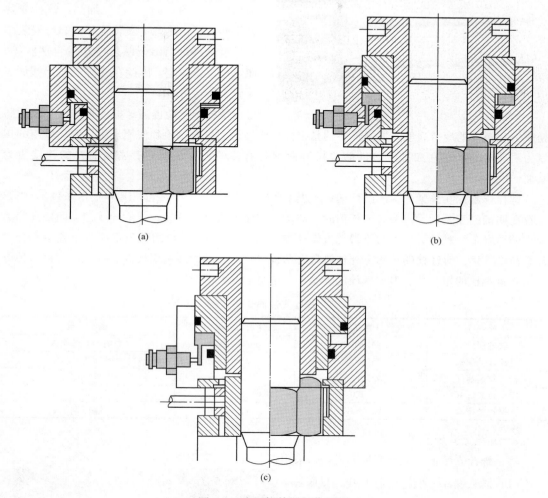

图 3-4　液压拉伸器工作原理

（a）将拉伸器螺纹套旋在欲拉伸的螺栓上连接好与螺栓拉伸器工作压力所匹配的手动泵；

（b）加压，使螺栓拉到预先计算好的拉伸高度，用拨杆拨动原螺母旋紧或松开；

（c）卸压，使螺栓拉伸器还原，即可完成螺母旋紧或松开的目的

　　风炮是一种气动工具，因为它工作的时候噪声大如炮声，故而得名，也称作气动扳手（见图 3-5）。它的动力来源是空压机输出的压缩空气，当压缩空气进入风炮气缸之后带动里面的叶轮转动而产生旋转动力。叶轮再带动相连接的打击部位进行类似锤打的运动，在每一次敲击之后，把螺丝拧紧或者卸下。它

图 3-5　气动扳手

是一种既高效又安全的拆装螺丝的工具。它的力量通常跟空压机的压力成正比，压力大产生的力量大，反之则小。所以一旦用的压力过大，在拧紧螺丝的时候容易损坏螺丝。

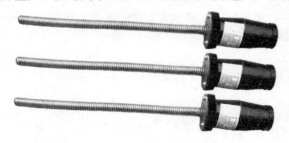

图 3-6　螺栓电加热棒

螺栓热紧技术：只适用于带中心孔的螺栓，将电加热棒置入螺栓中心孔中，采用电加热棒（见图 3-6）将螺栓加热，螺栓受热膨胀伸长，在热态下安装螺母。螺母安装结束后自然冷却，由于螺栓冷却后自然收缩，而螺母位置固定，因此在螺杆上自然施加了预紧力。

螺栓预紧能提高螺栓连接的可靠性、防松能力和螺栓的疲劳强度，增强连接的紧密性和刚性。大量的试验和使用经验证明：较高的预紧力对连接的可靠性和被连接件的服役寿命都是有益的，特别是对有密封需要的连接更为必要。

螺栓预紧存在预紧力检测的问题。根据 GB/T 15468—2006《水轮机基本技术条件》，当螺栓存在明确的安装预紧力或者伸长值时，应按照安装要求进行安装；当螺栓安装无明确预紧力要求的情况下，螺栓的预紧力不得超过螺栓屈服强度的 7/8，螺栓的载荷不应小于连接部分设计载荷的 2 倍。对螺栓的预紧力评估测量有两种方式，一种为测量螺栓安装伸长值，另一种方式为测量螺栓的扭矩值。典型螺栓的安装伸长值见表 3-1。

表 3-1　　　　　　　　　　　　　　螺栓安装伸长值

螺栓名称	规格（直径×长度）	伸长值（mm）	螺栓材质
联轴螺栓	M120×4	0.28～0.32	锻钢 35CrMo/A
转轮联轴螺栓	M120×4	0.28～0.32	锻钢 35CrMoA
转子拉紧螺杆	M36×2638	4.3	35 锻钢
定子拉紧螺杆	M20	3.11	42CrMo
拐臂锁紧螺栓	M48×365	0.17～0.20	45 锻钢

（一）测量伸长值法

测量螺栓安装伸长值有两种方式：①采用百分表；②采用游标卡尺。

（1）通孔螺栓。螺栓中心开孔，且螺栓中心孔根部有内螺纹，采用一根带螺纹的连接杆将连接杆一端与螺栓连接，导叶连接杆上固定有百分表，百分表的监测点固定到螺杆端部，在安装过程中，螺栓伸长，百分表即可以检测到（见图 3-7）。

（2）非通孔螺栓。有两种方式测量伸长值，一种是制作一个外加装置，测量螺栓伸长值，另一种是将百分表固定在非相关部件上，如测量水轮机大轴与发电机大轴的连接螺栓伸长值时，可以事先将两根大轴连接

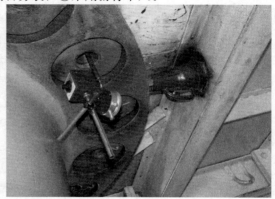

图 3-7　百分表法现场检测大轴连接
螺栓伸长值（通孔螺栓）

好，然后在螺栓安装过程中，分别在两个大轴上固定百分表，两个百分表的检测点分别位于螺栓的两端，两个百分表的差值即为螺栓的伸长值。

（二）测量扭矩法

采用扭矩控制螺栓伸长值，首先需明晰螺栓安装扭矩与螺栓安装伸长值之间的关系。

$$M = K \cdot P \cdot d \tag{3-1}$$

式中　M——扭矩；

　　　K——拧紧力系数；

　　　d——螺纹公称直径；

　　　P——预紧力。

采用控制扭矩的方法控制预紧力有一定的分散性，这主要是由于连接件和被连接件的表面质量，包括粗糙度、螺栓精度等级、润滑、镀层和拧紧速度等差别造成的。

$$P = \sigma \cdot A_s \tag{3-2}$$

式中　A_s——螺栓应力截面积。

$$A_s = \pi \cdot d_s \cdot d_s / 4 \tag{3-3}$$

式中　d_s——螺纹部分危险剖面的计算直径。

$$d_s = (d_2 + d_3)/2 \tag{3-4}$$

$$d_3 = d_1 - H/6 \tag{3-5}$$

式中　H——螺纹牙的公称工作高度。

$$M = K \cdot P \cdot d \tag{3-6}$$

$$P = \sigma \cdot A_s \tag{3-7}$$

$$\sigma = E \cdot \varepsilon = K \cdot A_s \cdot d \cdot E \cdot \frac{L' - L}{L} \tag{3-8}$$

$$L' - L = \frac{M \cdot L}{K \cdot A_s \cdot d \cdot E} \tag{3-9}$$

以某机组顶盖座环把合螺栓为例，螺栓规格为 M64×345mm，螺栓数量为 72 个，螺栓伸长值为 0.2mm，简要计算螺栓的预紧力。螺栓的材质为 45 钢，弹性模量为 206GPa，由于螺栓露头约为 20mm，螺栓有效承载预紧长度为约为 325mm，螺栓的预紧力为：

$$\sigma = E \cdot \varepsilon = 127 \text{（MPa）}$$

下面计算单个顶盖座环把合螺栓的工作压力。

顶盖直径：$D_1 = 5400$mm；活动导叶关闭后的直径：$D_2 = 4800$mm；甩负荷后导叶关闭，甩负荷时导叶外的水压力为 1.7MPa。

甩负荷时水推力：

$$F_1 = P \cdot S = 1.7 \cdot \pi \cdot (D_1^2 - D_2^2)/4 = 8167140 \text{（N）}$$

顶盖自重：$F_2 = 345000$N；

螺栓数量：$n = 72$；

螺栓规格：M64×345；

螺栓应力截面积：$A_s = 2680$mm^2。

计算得到的单个螺栓在甩负荷情况下的工作压力：

$$\sigma = (F_1 - F_2)/(n \cdot A_s) = 37.98 \text{（MPa）}$$

以上计算结果表明：

（1）顶盖座环把螺栓的工作压力为 37.98MPa，而预紧力为 127MPa，预紧力大于 2 倍工作压力，符合标准要求。

（2）螺栓预紧力为 127MPa，即使以螺栓为 4.8 级计算，螺栓屈服强度的 7/8 为 280MPa，螺栓预紧力小于螺栓屈服强度的 7/8，符合要求。

下面计算扭矩系数。

现场采用的气动扳手的验收扭矩为 12060N·m，最大瞬间扭矩为 14700N·m，按照验收扭矩计算。

螺纹的应力截面积：单个螺纹的截面积应力参数和螺纹的螺距及长度无关，应力截面积是计算螺纹拉力载荷的一个参数。

经验计算公式为：

$$A_s = 0.785 \cdot (d - 0.9382 \cdot p)^2 \tag{3-10}$$

或者查询标准 GB 16823.1《螺纹紧固件应力截面积和承载面积》：M64 粗牙螺纹，$A_s = 2680 \text{mm}^2$；以验收扭矩为标准计算扭矩系数，扭矩系数经计算为 0.55。

$$K = \frac{M}{P \cdot d} = \frac{12060}{127 \times 2680 \times 64} = 0.55$$

扭矩系数值在 0.1～0.6 不等，该种安装工况下，扭矩系数比较大，顶盖材料为 Q235 钢，其表面硬度相对螺栓及螺母要软得多，在螺栓安装过程中有磨损，主要还是螺母与顶盖的摩擦，造成了扭矩系数的增大。

三、螺栓的防松

螺栓防松原理（见图 3-8）可以分为三种：摩擦防松、直接锁住和破坏螺纹运动副关系。摩擦防松是指在螺纹副之间产生一不随外力变化的正压力，以产生一可以阻止螺纹副相对转动的摩擦力，例如采用双螺母或弹簧垫圈（见图 3-9）。这种正压力可通过轴向、横向或同时两向压紧螺纹副来实现。直接锁住是指用止动件（见图 3-10、图 3-11）直接限制螺纹副的相对转动，例如开口销。破坏螺纹运动副关系是指在拧紧后采用冲点、焊接（见图 3-12、图 3-13）、黏结等方法，使螺纹副失去运动副特性而连接成为不可拆卸的连接，例如螺纹连接后冲点。

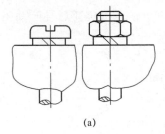 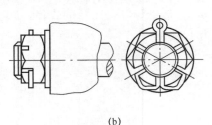

(a)   (b)   (c)

图 3-8　螺栓防松方法

(a) 弹簧垫圈；(b) 开口销；(c) 冲点

图 3-9　弹性垫圈紧固螺栓（蜗壳尾水人孔门）

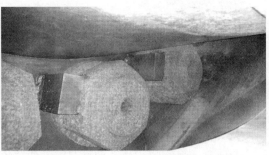

图 3-10　水轮机大轴与转轮连接螺栓的止动块

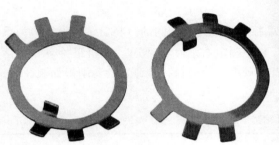

图 3-11　螺栓安装止动垫片

图 3-12　螺母点焊固定（机架螺栓）

螺栓的防松措施有很多，常用的螺栓方式有安装止动块、螺栓电焊固定、安装止动垫片、安装弹性垫片等，并且可以在螺栓或者螺母上做标记，从而在日常巡视中可以查看螺栓是否有松动。

四、螺栓的检测及报废

结合机组检修，应该对螺栓开展相应的检测工作，检测工作包括外观检查、无损检测等。外观检查主要检查螺栓是否有明显松动，防松措施是否完好，以及螺栓本体表面是否有明显缺陷；无损检测主要通过磁粉、

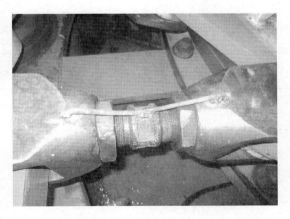

图 3-13　螺母铁筋焊接固定（导水机构操作连杆）

渗透、超声等手段检测螺栓表面以及内部是否存在缺陷。通过对螺栓的有效检测，防止已破坏螺栓随机组运行，造成严重安全生产事故。

螺栓存在超标缺陷或断裂时应进行实验分析，当缺陷是由原材料质量或制造工艺引起时，应对同批次螺栓抽样10％且不少于1根进行全面检测，发现不合格应对该批次螺栓进行全部更换。

第三节 转 动 件

转动件包括转轮、大轴、发电机转子等。由于转动件高速转动，同时由于密封、配合、制动等方面的要求，转动件的摩擦，磨损，以及端面结构设计就尤为关键。如活动导叶端面与顶盖和座环的密封及配合、制动环与风闸的磨损、顶盖与调速环的磨损等。转动件的技术监督管理重点工作包括：①审核转动件及配合部件在材料、结构上设计的合理性；②配合间隙检查，转动件与对偶配合件的配合间隙，直接决定转动件的摩擦、磨损；③剩余厚度检查，剩余寿命评估，部分转动件设计时就作为损耗件，因此需要对其剩余寿命进行评估，例如利用检修机会对工件的剩余厚度进行检测。

一、材料及结构的设计

由于转动件与对偶件之间存在相对转动及摩擦，因此两者之间的材料及结构设计极为重要，以导叶轴套和大轴轴瓦设计为例，某水电厂机组额定功率为250MW，在机组A修中对活动导叶轴套内衬、活动导叶轴、大轴、大轴轴瓦的硬度和材质进行检测，检测结果如表3-2～表3-5所示。

表3-2 活动导叶轴套硬度

试样	实测材质	编号	硬度实验值（HBHLD）					平均硬度（HBHLD）
导叶轴套	90％Cu-8％Sn	1	163	165	161	163	160	162
		2	176	178	180	180	185	180
		3	175	182	180	176	179	178

表3-3 活动导叶轴硬度

试样	材质	编号	硬度实验值（HBHLD）					平均硬度（HBHLD）
导叶轴	06Cr13Ni5Mo	1	287	294	284	291	287	289
		2	312	314	314	312	315	313
		3	286	278	279	285	286	283

表3-4 大轴轴瓦硬度

试样	材质	编号	硬度实验值（HBHLD）					平均硬度（HBHLD）
大轴轴瓦	88％Sn-5％Cu-6％Sb	1	87.1	88.7	86.5	84.6	88.5	87.1
		2	83.1	84.8	83.5	81.9	84.7	83.6
		3	83.9	86.5	85.6	86.6	86.0	85.7

表 3-5   水轮机大轴硬度

试样	材质	编号	硬度实验值（HBHLD）					平均硬度 （HBHLD）
水轮机大轴	碳钢	1	135	136	135	135	137	136

　　对比导叶轴、导叶轴套内衬、大轴，以及大轴轴瓦的材质和硬度，从设计上：①大轴及导叶轴都是受保护件，一旦在运行中发生磨损将难以修复，因此在设计上都是保护导叶轴及大轴，即对磨件的硬度低于保护件；②具体到材质选择上，由于导叶轴的材质为 06Cr13Ni5Mo，为马氏体钢，硬度相对较高，因此导叶轴套内衬材质为 90％Cu-8％Sn 合金，其平均硬度为 162～180HB；而对于水轮机大轴，大轴材质为碳钢，其硬度相对较低，其平均硬度只有 136HB，因此大轴轴瓦的设计材质为 88％Sn-5％Cu-6％Sb，由于锡是一种较铜更软的材质，因此其平均硬度较 90％Cu-8％Sn 合金更低，其平均硬度只有 85HB 左右。

二、配合间隙的检查

　　以活动导叶为例，活动导叶安装过程中导叶下端面与座环的间隙，上端面与顶盖的间隙，及上、下断面间隙是导叶安装的重要验收数据。当机组有设计要求时，应按照设计要求分布上下端面间隙，如部分机组要求活动导叶上、下断面间隙皆为总间隙的 50％；而部分机组为了考虑水力因素，上端面间隙一般为实际间隙总和的 60％～70％，下端面间隙一般为实际间隙总和的 30％～40％。

三、厚度测量

　　由于与转动件对磨的对偶件属于损耗件，因此在机组运行中，随机组运行工况不同，会出现不同程度的磨损。因此在机组检修中应对损耗件的剩余厚度进行测量，并与设计图纸进行对比，判断其磨损情况，需要进行测量的损耗件有：制动风闸闸板、制动环、顶盖抗磨块、导叶轴内衬等。

第四节　一般焊接结构件

　　焊接是指将两种或两种以上的同种或异种材料，通过施行加热、加压或二者并用，使其联接部位达到原子或分子之间结合和扩散程度，以形成永久性接头的工艺过程。其中材料是主体，形成永久性的接头是目的，加热、加压是条件，连接部位达到原子或分子之间结合和扩散是标志。

　　一般焊接结构件主要包括上下机架、水工金属结构（闸门、启闭机、拦污栅）、油气水公用系统管道，以及其他焊接部件。一般焊接件的服役环境相对较为简单，因此及技术监督的工作主要从制造质量，也就是从焊接质量着手。主要技术监督工作包括：①焊接施工质量的把控；②利用检修机会，对焊缝进行抽检。要做好焊接质量的把控，要从焊接工艺条件，包括焊接环境、焊材、焊接工艺、焊后检测等方面进行监督。

一、焊接的分类

焊接的分类形式多样，按照焊接接头两侧材料种类异同可分为同种和异种材料焊接两大类，由于异种材料在元素性质、物理化学性能等方面存在显著差异，与同种材料焊接相比，焊接工艺难度要大很多。

焊接分类的另一种较常见的形式是按照结合原理来分，可分为熔化焊、压力焊和钎焊三大类。

熔化焊是利用局部加热，使两个分离的焊接被联接部位的金属熔化而形成一个整体的焊接方式，熔化焊可以加入或不加入填充金属，其主要特点是焊件母材和填充金属均达到熔化状态。

压力焊是通过对被焊接部件施加足够压力（有时在加压的同时伴随着加热），促使被结合的部位联接成为整体的焊接方式。压力焊有接触焊、摩擦焊、爆炸焊及闪光焊接等多种焊接形式，其主要特点是母材不熔化，也没有填充材料。

钎焊是将熔点低于被焊金属的钎焊材料加热熔化作为填充金属，焊接时母材也加热但未到熔化程度，是熔化后的钎料金属渗透到被焊接金属接缝的间隙中，依靠扩散而形成接头的焊接方式。钎焊的主要特点是填充金属熔化而母材不熔化。

水电厂金属部件的焊接绝大部分是熔化焊接，这其中的大部分又是钢件焊接，包括镀锌钢件焊接，主要是用作结构件起承载支撑作用的。如转轮叶片与上冠、下环的焊缝，又如固定导叶与座环的焊缝，如图 3-14 和图 3-15 所示。

图 3-14　焊接转轮

图 3-15　水轮机座环

二、焊缝与焊接接头

焊缝是指焊件经过焊接后形成的结合部分，而焊接接头指的是用焊接方法连接的接头。焊接接头一般分为三个部分，分别为焊缝区、热影响区和金属基体。

焊缝区由填充金属和少量熔化的金属基体组成，其性能决定于填充金属成分和焊接热输入量的多少。焊缝金属由熔化状态至室温服役状态，经过一次结晶和二次结晶的过程。一次结晶多为柱状组织，如果焊接接头的坡口型式或焊道设计不当，或焊件打磨清洁不干净（例如锈蚀物资或镀锌层中的锌层成分），焊缝金属中心可能有杂质偏析，容易产生裂纹。

热影响区是指邻近焊缝金属且具有一定宽度受到热影响的金属部件，由于受到焊接热量传导的影响，其显微组织会发生明显的变化，进而导致其力学性能发生变化。由于热影响区不同部位的受热程度不一样，其显微组织变化非常复杂，力学性能离散度大。如果焊接工艺不当，导致热影响区显微组织恶化，进而降低焊接接头力学性能。

未受到焊接热过程影响的区域为金属基体区段，该部分的显微组织和物理化学性能保持原本的状态。

三、焊接工艺条件

目前，水电厂金属结构常用的焊接方法主要是熔焊，其中，焊条电弧焊、氩弧焊、CO_2气体保护焊是水电厂现场焊接最常见的三种熔焊方法，其焊接原理、特点及适用范围见表3-6。

表3-6　　　三种焊接方法的原理、特点及适用范围

焊接方法	原理	特点	适用范围
焊条电弧焊	利用焊条与焊件间的电弧热熔化焊条和焊件进行焊接	机动、灵活、适应性强，可全位置焊接。设备简单耐用，维护费低；劳动强度大，焊接质量受工人技术水平影响，不稳定	在单间、小批生产和修理中最实用，可用于3mm以上的碳钢、低合金钢、不锈钢和铜、铝等有色金属以及铸铁的补焊
CO_2气体保护焊	用CO_2保护、用焊丝作电机的电弧焊，简称CO_2焊	热量较集中，热影响区小，变形小、成本低、生存率高易于操作；飞溅较大，焊缝成型不够美观、余高大，设备较复杂，须避风	适用于板厚1.6mm以上由低碳钢、低合金钢制造的各种金属结构
氩弧焊	用惰性气体氩（Ar）保护电弧进行焊接	对电弧和焊接区保护充分，焊缝质量好，表面无焊渣，热量较集中，热影响区较窄，明弧操作，易实现自动焊接，焊时须挡风	最适于焊接易氧化的铝、铜、钛及其合金等有色金属以及不锈钢、耐热钢等，可焊厚度在0.5mm以上

焊接工艺条件是焊接前的一些重要的预备工作，电气设备金属部件的焊接工艺条件包括焊条和焊丝的选用、焊接作业现场环境、焊接预处理（打磨和开坡口）、预热、后热、焊后热处理等，是保障焊接质量的前提条件。

1. 焊条和焊丝的选用

焊接质量的一个重要保证前提是选择合适的焊条或者焊丝。以焊条电弧焊为例，焊条有药皮和焊芯两部分组成，在焊接时，一方面产生持续稳定的电弧，提供熔化焊接所需要的热量，另一方面作为填充金属加到焊接过程形成焊缝，成为焊缝金属的主要成分。

33

焊条选择一般有以下的原则。

（1）要考虑基本金属的力学、物理性能和化学成分，一般情况下焊缝金属性能与基体金属按"等强度"进行匹配，现用焊条与基体金属的力学性能相等即可。而合金钢则需要选用焊条成分接近基体金属的化学成分。

（2）要考虑结构工件的工作环境、条件和使用情况，在承受动载荷、冲击载荷的情况下要保证其抗拉强度、冲击韧性和延伸率。在腐蚀介质中工作的部件应综合分析腐蚀介质的种类、浓度及温度，以便选用合适的焊条。工件在受到磨损情况下服役时，应该选择与工况适应的耐磨焊条。

（3）要考虑焊接部件的体型和表面状态，对于形状复杂、厚度较大的构件，应该针对焊接应力大、容易出现焊接裂纹而选用抗裂性能强的焊条，而对于某些焊接前难以清理或存有油漆锈垢的部件，则该选用氧化性强、对铁锈、油污等敏感性差的酸性焊条，以免产生气孔等焊接缺陷。常见水工金属结构焊接过程中焊条和焊丝的选择可以参考 SL 36—2006《水工金属结构焊接通用技术条件》，见表 3-7。

表 3-7　　　　　　　　　　常见水工金属结构焊接过程中焊条和焊丝

钢号	母材技术条件		焊接材料			
	材料状态	屈服点（MPa）	焊条电弧焊	气体保护电弧焊		埋弧焊
			焊条型号	焊丝信号	保护气体	焊剂-焊丝型号
Q235	热轧	≥235	E4303 E4315 E4316	ER49-1	CO_2	F4A2-H08A
Q345	热轧	≥275~345	E5015 E5016	ER49-1	CO_2	F4A2-H08A F4A2-H08MnA F4A2-H10Mn2
Q390 15MnV 15MnTi 45	热轧正火	≥330~390	E5015 E5015-G	ER49-1 ER50-6	CO_2	F4A2-H08A F4A2-H08MnA F5A2-H10Mn2
Q420 15MnVN	正火 正火＋回火 热轧 调质	≥400~420	E5515-G	ER50-6	CO_2	F5A0-H08A F5021-H10Mn2
Q460 14MnMoV	正火 正火＋回火 热轧 调质	≥440~460	E6015-D1	ER55-C1 ER55-C2 ER55-C3	$Ar+1~5O_2\%$ 或 $Ar+20CO_2\%$	F6021-H08MnA
Q500 07MnCrMoVR	正火 正火＋回火 热轧 调质	≥480~500 ≥490	E6016-G	ER60-G	$Ar+2O_2\%$ 或 $Ar+20CO_2\%$	F6021-H08MnMoA F7141-H08Mn2MoA

钢号	母材技术条件		焊接材料			
	材料状态	屈服点（MPa）	焊条电弧焊	气体保护电弧焊		埋弧焊
			焊条型号	焊丝信号	保护气体	焊剂-焊丝型号
Q620 14MnMoVB HQ70	调质	≥600～620 ≥590	E7015-G	ER69-1 ER69-2 ER69-3	Ar+2O₂% 或 Ar+20CO₂% 或 CO₂	F8021-H08MnMoA F8141-H08Mn2MoA
Q690 HQ80C	调质	≥670～690	E8015-G	ER76-1	Ar+2O₂%	F9021-H08MnMoA
0Cr18Ni9 1Cr18Ni9Ti	热轧	—	E347-16 E347-15	—	—	—
0Cr13	热轧	—	E410-16 E410-15	—	—	—

2. 焊接作业现场环境

焊接作业区现场要注意环境因素，采取必要的预防应对措施，以避免焊接环境对焊接质量造成不良的影响。

大风天气应注意防风，电弧焊焊接作业区的风速超过 8m/s、气体保护电弧焊及药芯焊丝电弧焊焊接作业区的风速超过 2m/s、焊接车间内焊接作业区存在穿堂风或鼓风机时，均应禁止施焊。

雨天应注意防雨水，空气中湿度大于 90%，禁止露天施焊。

寒冷天气应注意环境温度。Q345 以下等级钢材进行焊接时，环境温度应该不低于−10℃，而 Q345 钢和 Q345 以上等级钢材焊接时，环境温度应分别不低于 0℃和 5℃，否则禁止施焊。

3. 焊接预处理

水电厂金属结构现场焊接安装多用电弧焊条焊和气体保护焊，其焊接预处理工作重点有两项。

（1）油、锈和镀锌层的清除工作。在焊接前应打磨处理干净。从焊接质量控制方面来看，油污会导致焊缝出现气孔，锈层会形成夹杂，最终影响焊缝质量；采用火焰刨除裂纹的金属部件，应在气刨后及时清除气刨形成的渗碳层。

（2）开坡口。依据设计或是工艺的要求，要在焊接的待焊部位加工成一定几何形状和尺寸的沟槽，其对焊接过程的顺利进行和保证焊接质量都有重要作用。一方面使焊接热源能够深入焊缝根部，保证根部焊透，促进坡口边缘两侧的熔合效果；另一方面开坡口能调节基体金属与填充金属（焊条）的比例，保障焊缝金属成分符合设计要求。坡口的形状和尺寸大小涉及填充金属量的多少，坡口大填充金属就多，坡口小填充金属就相应的变少。因此，选取合适的坡口形式和尺寸，使得基体金属与填充金属熔合后焊缝金属成分满足设计和工艺要求至关重要。开坡口的形式可以参考 GB/T 985 系列标准。坡口形式和尺寸的确定应根据设计文件和工艺条件选用，除满足标准要求外，应考虑下列因素：

1）尽量减少焊缝的填充金属；

2）要求接头全焊透焊缝时应保证焊透；

3）减少焊接残余应力及变形；

4）防止缺欠产生；

5）加工容易；

6）焊工操作方便。

4. 热处理

（1）预热。应根据母材的化学成分、焊接性、厚度、焊接接头的拘束程度、焊接方法及焊接环境等因素综合考虑是否预热，可参照 SL 36—2006《水工金属结构焊接通用技术条件》执行，见表 3-8。

表 3-8 推荐用于钢材焊接的预热温度

钢号	板厚（mm）	预热温度（℃）
Q235	≤30	不预热（当焊件温度≤−20℃时，预热 100～150℃）
	>30	不预热（当焊件温度≤−10℃时，预热 100～150℃）
Q345	≤38	不预热（当焊件温度≤0℃时，预热 100～150℃）
	>38	100～150
Q390	>20	>80
Q420	>20	>100
Q460	>20	>100
07MnCrMoVR	≥16	>80
Q235＋1Cr13	基层厚度 30	>50
Q345＋1Cr13	基层厚度 30	>100
Q235＋1Cr18NiTi	基层厚度 30～50	50～80
Q345＋1Cr18NiTi	基层厚度 30～50	100～150

预热范围应为焊缝两侧各大于等于 3 倍的板厚且大于等于 100mm；当焊件的温度低于 0℃时，未规定预热的焊缝也应预热至 20℃以上，并在焊接过程中保持不低于此温度。对于有预热要求的焊件，每条焊缝应尽可能一次焊完，并控制道（层）间温度不低于预热温度。当中断焊接时，应及时采取后热、缓冷等措施。重新施焊时，仍需按规定进行预热。

（2）后热。焊接后立即对焊件的全部（或局部）加热和保温，使其缓冷的工艺措施。它不等于焊后热处理。对冷裂敏感性较大的低合金钢和高强钢或拘束度较大的焊接接头应采取后热措施。后热应在焊后立即进行。后热的加热温度为 150～250℃，加热宽度为焊缝每侧各 3 倍板厚且大于等于 100mm，保温时间为 1～2h。

（3）焊后热处理。焊后，为改善焊接接头的组织和性能或消除残余应力而进行的热处理。碳素钢和低合金钢的热处理加热温度可按表 3-9 选用，经淬火＋回火处理的高强钢，热处理加热温度应低于母材供货状态的回火温度 50℃，且不大于 590℃。焊件加热至规定温度后应进行保温，保温时间见表 3-10。有再热裂纹倾向的低合金钢焊接接头和高强钢焊件，采用焊后热处理时宜慎重。推荐采用振动时效法消除焊接残余应力。

表 3-9　　　　　　　　　碳素钢和低合金钢焊后热处理温度

钢号	焊后热处理加热温度（℃）
35、45	600～650
Q295、Q345	550～600
Q390	600～650

表 3-10　　　　　　　　　焊后热处理时的保温时间

板厚 δ（mm）	保温时间（h）
≤6	0.25
>6～50	0.04δ
>50	$2+0.25\dfrac{\delta-50}{20}$

四、焊缝质量检查

　　焊接质量检查应包括焊接接头的焊前检查、焊接过程检查和焊后检查。焊前检查内容包括坡口形式与尺寸、坡口表面质量、焊件的组对质量等。焊接过程检查内容包括焊接环境的监测、预热温度、焊工执行、焊接工艺情况等。焊后检查内容包括焊缝外观质量检查、焊缝无损检测和产品焊接试板检验等。焊缝无损检测可参照表 3-11 执行。

表 3-11　　　　　　　　　无损检测方法、范围和质量要求

焊缝类别	钢种	检测方法	检测范围	质量要求
一类焊缝	碳素钢 低合金钢	超声波检测	大于等于焊缝的 50%且≥200mm	GB/T 11345 B Ⅰ 级
		射线检测	大于等于焊缝的 20%且≥200mm	GB/T 3323 AB Ⅱ 级
	高强钢	表面检测	大于等于焊缝的 20%且≥200mm	JB/T 6061 Ⅱ 级 JB/T 6062 Ⅱ 级 JB/T 6062 Ⅱ 级
		超声波检测	焊缝长度的 100%	GB/T 11345 B Ⅰ 级
		射线检测	大于等于焊缝的 50%且≥200mm	GB/T 3323 AB Ⅱ 级
二类焊缝	碳素钢 低合金钢	超声波检测	大于等于焊缝的 30%且≥200mm	GB/T 11345 B Ⅱ 级
		射线检测	大于等于焊缝的 10%且≥200mm	GB/T 3323 AB Ⅲ 级
	高强钢	表面检测	大于等于焊缝的 20%且≥200mm	JB/T 6061 Ⅱ 级
		超声波检测	大于等于焊缝的 50%且≥200mm	GB/T 11345 B Ⅱ 级
		射线检测	大于等于焊缝的 20%且≥200mm	GB/T 3323 AB Ⅲ 级
三类焊缝	—	—	—	—

　　注　若焊缝长度小于表中最小检测长度时，按实际焊缝长度检测。

　　根据"四件"技术监督管理的特点，制定相应的技术监督方法及要求，以保证机组的安全运行，这其中包括《水电厂金属结构定期检查工作表》《水电厂重要螺栓技术监督管理办法》《水电厂重要焊缝技术监督管理办法》，见附录 A～附录 C。

第四章 水电厂金属结构检测技术

第一节 射 线 检 测

一、射线检测原理

射线检测（Radiographic Testing，RT），又称为射线照相或射线探伤。密度不同、厚度不同的物体对射线的衰减程度不同，如果物体局部区域存在缺陷或结构存在差异，利用射线进行检测时，它将改变物体对射线的衰减，使得不同部位透射射线强度不同，从而使零件下的底片感光不同的原理，实现对材料或零件内部质量的照相探伤（见图4-1）。

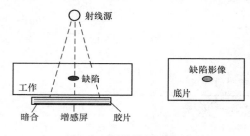

图 4-1 射线检测示意图

将曝光后的胶片浸入显影液中，相应的曝光区域就会变黑，而变黑程度则取决于曝光量。显影后的胶片，其乳化剂中大约还有70%的卤化银违背还原成金属银。这些卤化银必须从乳剂层中出去，才能将显影形成的影像固定下来这一过程称为定影。然后，将底片清洗，去除定影液并干燥，以便评片和归档。曝光后的胶片显影、定影和清洗，既可以手工也可以用自动设备进行。最后根据底片上的影像特点判断工件内部的缺陷和物质分布等。

二、射线检测设备及构造

射线探伤常用的方法有 X 射线探伤、γ 射线探伤、高能射线探伤和中子射线探伤。对于常用的工业射线探伤来说，一般使用的是 X 射线探伤、γ 射线探伤。X 射线由 X 射线机和加速器产生；γ 射线一般由 γ 射线源产生，常用的源有：Co60、Ir192、Se75、Yb169 和 Tm170 等，下面主要介绍 X 射线机。

工业射线照相探伤中使用的低能 X 射线机（见图4-2），简单地说是由四部分组成：射线发生器（X 射线管）、高压发生器、冷却系统、控制系统。当各部分独立时，高压发生器与射线发生器之间应采用高压电缆连接。

（1）射线发生器。X 射线机的核心器件是 X 射线管，普通 X 射线管主要由阳极、阴极和管壳构成，见图4-3。外壳是一层硬质玻璃管，以维持管内高真空；阴极作为电子发射源，发射电子流，一般材质是钨丝；阳极是金属靶，受阴极发射的高速电子轰

图 4-2 X 射线探伤机

击而辐射 X 射线。

（2）高压发生器。提供 X 射线管的加速电压，即阳极与阴极之间的电位差和灯丝电压。

（3）冷却系统。冷却系统的主要作用是对 X 射线机内部机构，包括对射线管和高压发生器进行冷却，保证 X 射线管连续工作，冷却系统的好坏直接影响 X 射线管的寿命。便携式射线机通常使用壳散射自冷却

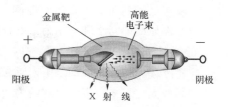

图 4-3 X 射线管示意图

方式、移动式射线机常使用油循环外冷方式、固定式利用循环水冷方式进行冷却。

三、射线检测基本方法

（一）射线检测透照布置方式

对接焊缝射线照相的常用透照方式（布置）主要有 10 种。其中单壁透照是最常用的透照方法；双壁透照一般用在射源或胶片无法进入内部的小直径容器和管道的透照；双壁双影法一般只用于直径在 100mm 以下的管子的环焊缝透照，其中双壁双影直透法则多用于 T（壁厚）$>8mm$ 或 g（焊缝宽度）$>D_0/4$ 的管子环焊缝透照。

值得强调的是，对环焊缝的各种透照方式中，以源在内中心透照周向曝光法为最佳，该方法透照厚度均一，横向裂纹检出角为 0°，底片黑度、灵敏度俱佳，缺陷检出率高，且一次透照整条焊缝，工作效率高，应尽可能使用。

（二）焊缝透照的基本操作

（1）试件检查及清理。清理妨碍射线穿透或妨碍贴片的附加物，试件表面质量应经外检查合格，如表面不规则状态可能在底片产生掩盖焊缝中缺陷图像时，应打磨修整。

（2）划线。按工艺文件的检查部位、比例、一次透照长度，在工件上划线。采用单壁透照时，需要在试件两侧（射线侧和胶片侧）同时划线，并要求两侧所划的线段应尽可能对准。采用双壁单影透照时，只需在试件一侧（胶片侧）划线。

（3）像质计和标记摆放。线型像质计应放在射源侧的工件表面上，位于被检焊缝区的一端（被检长度的 1/4 处），钢丝横跨焊缝并垂直于焊缝，细丝朝外，各种铅字标记应齐全，至少包括：中心标记，搭接标记，工件编号，焊缝编号，部位编号。返修透照时，应加返修标记 R。

（4）贴片。采用可靠的方法（磁铁、绳带）将胶片（暗盒）固定在被检位置上，胶片（暗盒）紧贴工件，尽量不留间隙。

（5）对焦。将射线源安放在适当的位置，使射线束中心对准被检区中心，并使焦距符合工艺规定。

（6）散射线的控制。①选择合适的射线能量；②使用铅箔增感屏；③使用背防护铅板遮蔽来自暗盒背后的散射线；④使用铅罩和光阑减少照射场；⑤对厚度差较大的工件透照时，使用厚度补偿物；⑥在 X 射线机窗口或工件和胶片暗盒之间增加滤板；⑦使用遮蔽物减少边蚀散射；⑧修磨试件减少厚度差。

（三）胶片处理

胶片手工处理可分为显影、停显、定影、水洗和干燥五个步骤。

（1）显影。将感光乳剂中感光的溴化银还原为金属银，使不可见的潜影转化为可见的影

像，一般温度控制在 18～20℃，时间 4～6min 效果最佳。

（2）停显或中间水洗。是为了终止显影和减少显影液对后面的定影液的污染。停显液成分为 1.5%～5% 的醋酸水溶液，停显时间约 1min。

（3）定影。将感光乳剂层中未感光也未被显影剂还原的卤化银从乳剂层中溶解掉，使显影形成的影像固定下来。定影时间约为通透时间的 2 倍，所谓通透时间是指胶片从停显液移入定影液开始至未感光部分呈现透明所需的时间。

（4）水洗和干燥。提高底片质量，方便长久保存，水洗温度：16～24℃，时间：30min，此后进行自然干燥或烘箱干燥。

（四）评片

从底片上可获得的信息包括：缺陷的有无、性质、数量及分布情况以及缺陷的两维尺寸（长、宽）。通过底片还能预测缺陷可能扩展和张口位移的趋向，依据标准、规范对被检工件的质量做出合格与否的评价，还能为安全质量事故及材料失效提供可靠的分析凭证。常见的缺陷有气孔、夹渣、未熔合、未焊透等。

1. 气孔

焊缝中常见的气孔可分为球状气孔、条状气孔和缩孔。焊缝气孔缺陷射线检测结果如图 4-4 所示。

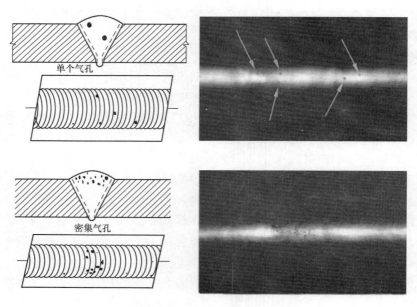

图 4-4　焊缝气孔缺陷射线检测

（1）球状气孔。按其分布状态可分为均布气孔、密集气孔、链状气孔、表面气孔。球状气孔在底片上多呈现为黑色小圆形斑点，外形较规则，黑度是中心大，沿边缘渐淡，轮廓清晰可见。

（2）条状气孔。按其形状可分为条状气孔、斜针状气孔（蛇孔、虫孔、螺孔等）。

（3）缩孔。按其成因可分为晶间缩孔和弧坑缩孔。

2. 夹渣

按夹渣形状可分为点状（块状）和条状，按其成分可分为金属夹渣和非金属夹渣。其射线检测如图 4-6 所示。

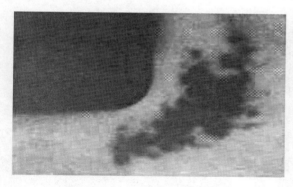

图 4-5　铸件缩孔缺陷射线检测

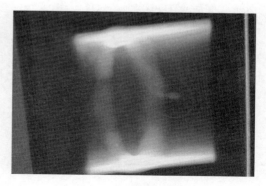

图 4-6　焊缝夹渣缺陷射线检测

（1）点状（块状）夹渣。点（块）状非金属夹渣，在底片上呈现为外形不规则，轮廓清晰，有棱角，黑度淡而均匀的点（块）状影像。分布有密集（群集）、链状，也有单个分散出现。主要是焊剂或药皮成渣残留在焊道与母材（坡口）或焊道与焊道之间。

（2）条状夹渣。按形成原因可分为焊剂、药皮形成的熔渣，金属材料内的非金属元素偏析在焊缝焊接过程中形成的氧化物，如 SiO_2、SO_2、P_2O_3 等条状夹杂物。

3. 未熔合

按其位置可分为坡口未熔合、焊道之间未熔合、单面焊根部未熔合。

（1）坡口未熔合。按坡口型式可分为 V 型坡口和 U 型坡口未熔合，焊缝坡口未熔合缺陷射线检测结果如图 4-7 所示。

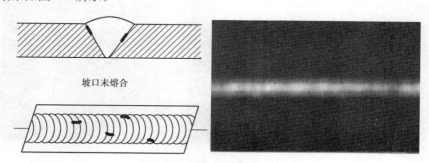

坡口未熔合

图 4-7　焊缝坡口未熔合缺陷射线检测

1）V 型（X）型坡口未熔合，常出现在底片焊缝影像两侧边缘区域，呈黑色条云状，靠母材侧呈直线状（保留坡口加工痕迹），靠焊缝中心侧多为弯曲状（有时为曲齿状）。

2）U 型坡口未熔合，垂直透照时，出现在底片焊缝影像两侧的边缘区域内，呈直线状的黑线条，如同未焊透影像。

（2）焊道之间的未熔合。按其位置可分为并排焊道间未熔合和上、下道间（又称层间）未熔合。

（3）单面焊根部未熔合。垂直透照时，在底片焊缝根部焊趾线上出现的成直线性的黑色细线，长度一般在 5～15mm，黑度较大，细而均匀，轮廓清晰，用 5X 放大镜观察可见靠母材侧保留钝边加工痕迹，靠焊缝中心侧呈曲齿状，大多与根部焊瘤同生。焊缝根部未熔合缺陷射线检测结果如图 4-8 所示。

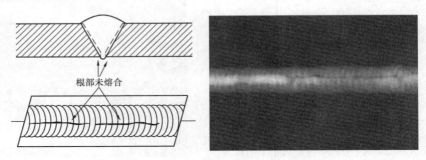

图 4-8　焊缝根部未熔合缺陷射线检测

4. 未焊透

未焊透主要是因母材金属之间没有熔化，焊缝熔敷金属没有进入接头根部造成的缺陷。按其焊接工艺可分为单面焊根部未焊透、双面焊 X 型坡口中心根部未焊透。

（1）单面焊根部未焊透。在底片上多呈现为规则的、轮廓清晰、黑度均匀的直线状黑线条，有连续和断续之分。

（2）双面焊坡口中心根部未焊透。在底片上多呈现为规则的、轮廓清晰、黑度均匀的直线性黑色线条，如图 4-9 所示。常伴有链孔和点状或条状夹渣，有断续和连续之分，其宽度也取决于焊根间隙的大小，一般多为较细的（有时如细黑线）黑色直线纹。

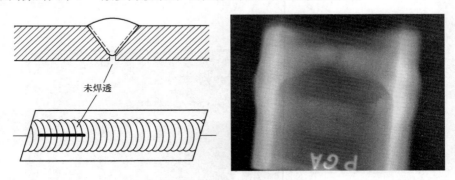

图 4-9　焊缝未焊透缺陷射线检测

5. 裂纹

按其形态可分为纵向裂纹、横向裂纹、弧坑裂纹和放射裂纹（星形裂纹）。

（1）纵向裂纹。裂纹平行于焊缝轴线，出现在焊缝影象中心部位、焊趾线上（熔合线上）、热影响区的母材部位等。

（2）横向裂纹。裂纹垂直于焊缝轴线，一般是沿柱状晶界发生，并与母材的晶界相联。在底片上焊缝影像的热影响区和根部常见垂直于焊缝的微细黑色线纹，它两端尖细略有弯曲，有分枝，轮廓清晰，黑度大而均匀，一般不太长，很小穿过焊缝。

（3）弧坑裂纹。又称火口裂纹，一般多在焊缝最后的收弧弧坑内产生，是由低熔点共晶体造成的，在底片弧坑影象中出现"一"字纹和"星形纹"，影像黑度较淡，轮廓清晰。

（4）放射裂纹。又称星形裂纹，裂纹由共同点辐射出去，大多出现在底片焊缝影像的中心部位，很少出现在热影响区及母材部位。主要是因低熔共晶造成，其辐射出去的都是短小的、黑度较小且均匀、轮廓清晰的影像，其形貌如同"星形"闪光，故又称星形裂纹。

6. 形状缺陷

形状缺陷是指属于焊缝金属表面缺陷或接头几何尺寸的缺陷，如咬边、凹坑（内凹）、收缩沟（含缩根）、烧穿、焊瘤、错口等。

（1）咬边。沿焊趾的母材部位被电弧熔化时所成的沟槽或凹陷，称咬边，它有连续和断续之分。咬边结构示意图及检测结果如图 4-10 所示。

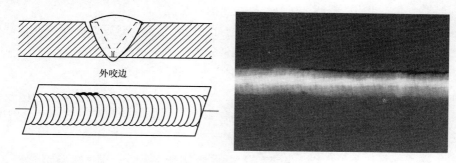

图 4-10　射线检测焊缝咬边缺陷

（2）凹坑（内凹）。焊后焊缝表面或背面（根部）所形成的低于母材的局部低洼部分，称为凹坑（在根部称内凹）。内凹缺陷检测结果如图 4-11 所示。

（3）收缩沟（含缩根）。焊缝金属收缩过程中，沿背面焊道的两侧或中间形成的根部收缩沟槽或缩根。

（4）烧穿。焊接过程中，熔化金属由焊缝背面流出后所形成的空洞，称为烧穿。烧穿结构示意图及检测结果如图 4-12 所示。

图 4-11　焊缝内凹缺陷射线检测

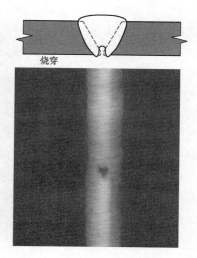

图 4-12　焊缝烧穿射线检测

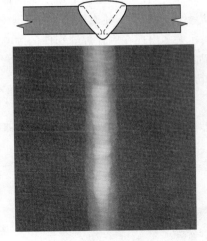

图 4-13　焊缝焊瘤射线检测

（5）焊瘤。即熔敷金属在焊接时流到焊缝之外的母材表面而未与母材熔合在一起所形成的球状金属物。焊瘤结构示意图及检测结果如图 4-13 所示。

（6）错口。常发生在焊缝接头对口，由于厚度不同或内径不等（椭圆度）造成的错口而引起的，大多出现在管子的对接环缝中。

底片的质量评定及分级，主要从以下方面进行评定。

1）首先考虑缺陷类型，判断是否存在不允许存在的缺陷，以便直接确定质量级别。

2）对允许存在的缺陷，首先确定是否存在尺寸超过质量级别规定的情况。

3）确定可能的评定区，对可能的评定区按缺陷类型分别进行质量分级。

4）考虑应进行的综合评级。

5）根据以上结果判定质量级别。

6）对于纵缝，在圆形缺陷的评定区内，若同时存在圆形缺陷和条形缺陷，对圆形缺陷、条形缺陷分别评级，两者之和减 1。

7）对于环焊缝，在条形缺陷评定区内，同时存在多种缺陷时，分别进行评级，取质量级别最低的级别作为评级结果；若存在缺陷级别相同时，应降低 1 级作为综合评级结果。

四、射线检测典型应用

射线检验在工业上有着非常广泛的应用，它既用于金属检查，也用于非金属检查。金属内部可能产生的缺陷，如气孔、夹杂、疏松、裂纹、未焊透和未熔合等，都可以用射线检查。由于射线检

图 4-14　射线检测调速器油管焊缝

测能够有效检测焊缝的内部缺陷，因此特别适用于管道焊缝的检测，水电厂新安装油气水管道的制造焊缝和安装焊缝均应开展射线抽检或者超声抽检，以检测管道焊缝的内部缺陷。

射线检测对检测现场的安全防护要求很高，这使得射线检测在水电金属结构的检测现场的应用受到了限制。目前，射线检测主要用于压力管道的检测、气水油管道焊缝的检测（图 4-14）等。

第二节　超　声　检　测

一、超声检测基本原理

超声检测一般是指超声波与工件相互作用，通过对反射、透射和散射的波进行研究，实现对工件进行宏观缺陷检测、几何特性测量、组织结构和力学性能变化的检测和表征，并进而对其特定应用性进行评价的技术。

超声检测采用高频弹性波以无损方式检测材料，大多商业化的超声检测是以 $1 \sim 25MHz$ 的频率进行的。对于宏观缺陷以及钢等金属材料的检测，常用频率为 $0.5 \sim 10MHz$，超声波频率很高，由此决定了超声具有一些重要特性，使其能广泛用于无损检测。

超声检测的基本原理：脉冲振荡电路发出的电压加在探头上（用压电陶瓷或石英晶片制成的探测元件），探头发出的超声波脉冲通过声耦合介质（如机油或水等）进入材料并在其中传播，遇到缺陷后，部分反射能量沿原途径返回探头，探头又将其转变为电脉冲，经仪器放大而显示在示波管的荧光屏上。根据缺陷反射波在荧光屏上的位置和幅度（与参考试块中人工缺陷的反射波幅度作比较），即可测定缺陷的位置和大致尺寸。通常用来发现缺陷和对其进行评估的基本信息为：

（1）是否存在来自于缺陷的超声波信号及幅值。

（2）入射声波与接收声波之间的传播时间。

（3）超声波通过材料以后能量的衰减。

超声检测的分类有很多种，其中脉冲反射法是常规超声波检测常用的方法，具体可分为以下几种。

1. 缺陷回波法

缺陷回波法是根据仪器示波屏上显示的缺陷波形（图4-15）进行判断的检测方法，是脉冲反射法的基本方法。以回波传播时间对缺陷定位，以回波幅度对缺陷定量。

2. 底波高度法

依据底面回波的高度变化（图4-16）判断工件缺陷情况的检测方法。要求被检工件检测面与底面平行，耦合条件一致。作为一种辅助手段，配合缺陷回波法发现某些倾斜的、小而密集的缺陷，常见于板材超声波检测。

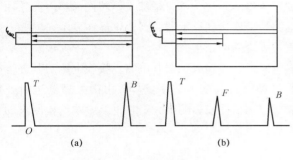

图 4-15　缺陷回波法示意图

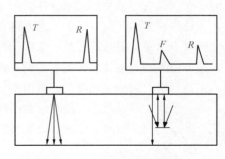

图 4-16　底波高度法示意图

3. 多次底波法

依据多次底面回波的变化（图 4-17），判断工件有无缺陷的方法。主要用于厚度不大、形状简单、检测面与底面平行的工件检测。

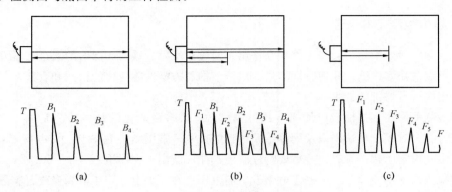

图 4-17　多次底波法示意图
（a）无缺陷；（b）小缺陷；（c）大缺陷

二、超声检测系统的构造

超声检测设备与器材包括超声检测仪、探头、试块、耦合剂和机械扫查装置等，其中仪器和探头对超声检测系统的能力起到关键性作用。了解设备原理、构造和作用及其主要性能，是正确选择检测设备与器材并进行有效的保证。

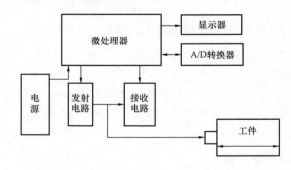

图 4-18　数字超声波检测仪电路框图

（一）仪器

A 形脉冲反射数字超声检测仪的主要部分是：发射电路、接收电路、电源电路、微处理器、数—模转换器、显示器等。图 4-18 所示是典型 A 型脉冲反射式数字超声波检测仪的电路框图。其中最主要的是发射电路和接收电路。

发射电路是一个电脉冲信号发生器，可以产生 100～400V 的高压电脉冲，施加到晶片上产生脉冲超声波。有些高能仪器也能提供高达 1000V 的高压电脉冲，以适用一些特殊的检测要求。发射电脉冲的频率特性被传递到整个检测系统，首先是探头，转换为超声波脉冲后进入被检件，之后又回到探头，进入接收电路，最后达到显示器。因此，最终显示在屏幕上的信号可以看作是发射脉冲经过一系列的过程被处理后的结果。

超声信号经压电晶片转换后得到的微弱电脉冲，被输入到接收电路。接收电路对其进行放大。但信号放大到一定程度后，则由模—数转换器将其变为数字信号，由微处理器进行处理后，在显示器上显示出来。接收电路的性能对检测仪性能影响极大，它直接影响到检测仪的垂直性、动态范围、检测灵敏度、分辨率等重要技术指标。

（二）探头

凡能将任何其他形式能量转换成超音频振动形式能量的器件均可用来发射超声波，具有可逆效应时又可用来接收超声波，这类元件称为超声换能器。以换能器为主要元件组装成具有一定特性的超声波发射、接收器件，常称为探头。超声波探头是组成超声波检测系统的最重要的组件之一。探头的性能直接影响超声波检测能力和效果。

探头型号组成项目及排列顺序如图 4-19 所示。

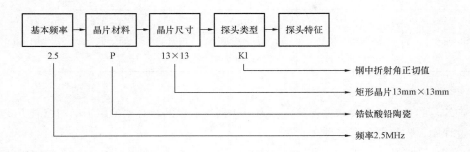

图 4-19　超声探头型号说明

三、超声检测基本方法

（一）焊接接头超声检测

焊接接头中常见焊接缺陷主要有不连续性、几何偏差、冶金不均匀性，其中不连续性主要有气孔、夹渣、未焊透、未熔合和裂纹等。在焊接接头超声检测过程中，由于焊接接头余高的影响及接头中裂纹、未焊透、未熔合等危害性大的缺陷往往与检测面垂直或成一定角度，故一般采用横波斜探头法检测。

1. 距离—波幅曲线（DAC 曲线）绘制

缺陷波高与缺陷大小及距离有关，大小相同的缺陷由于距离不同，回波高度也不用。描述某一确定反射体回波高度随距离变化的关系曲线称为距离—波幅曲线（distance amplitude curve，DAC），简称 DAC 曲线。

距离—波幅曲线应按所用探头和仪器在试块上实测的数据绘制而成，该曲线族由评定线、定量线和判废线组成。评定线与定量线之间（包括评定线）为Ⅰ区，定量线与判废线之间（包括定量线）为Ⅱ区，判废线及其以上区域为Ⅲ区，如图 4-20 所示。如果 DAC 曲线绘制在显示屏上，则在检测范围内曲线任一点高度不低于显示屏满屏刻度的 20%。

不同壁厚的 DAC 曲线灵敏度应根据相关标准的规定进行选择，如特种设备工件的超声检测，应依据 NB/T 47013.3—2015 标准中斜探头检测距离—波幅曲线的灵敏度选择，如表 4-1 所示。

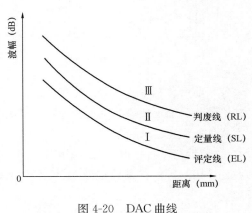

图 4-20　DAC 曲线

表 4-1　　　　　　　　　　　斜探头检测距离—波幅曲线的灵敏度

试块型式	工件厚度 t（mm）	评定线	定量线	判废线
CSK-ⅡA 或 RB-C	≥6～40	φ2×40-18dB	φ2×40-12dB	φ2×40-4dB
	>40～100	φ2×60-14dB	φ2×60-8dB	φ2×60+2dB
	>100～200	φ2×60-10dB	φ2×60-4dB	φ2×60+6dB
CSK-ⅢA	8～15	φ1×6-12dB	φ1×6-6dB	φ1×6+2dB
	>15～40	φ1×6-9dB	φ1×6-3dB	φ1×6+5dB
	>40～120	φ1×6-6dB	φ1×6	φ1×6+10dB

2. 扫查方式

扫查的目的是为了寻找和发现缺陷。为了达到这个目的，必须采用正确的扫查方式。在焊缝检测过程中，扫查方式有多种。

（1）锯齿形扫查。是手工超声检测最常见的扫查方式，往往作为检测纵向缺陷的初始扫查方式，速度快，易于发现缺陷。作锯齿形扫查时，斜探头应垂直于焊缝中心线平稳放置在检测面上，并与检测面良好贴合，如图 4-21 所示。探头前后移动的范围应保证扫查到全部焊接接头截面，在保持探头垂直焊缝作前后移动的同时，还应作 10°～15° 的转动。应注意每次前进的齿距不得超过探头晶片尺寸的 85%，以避免间距过大造成漏检。此方法对焊缝的检测示意图如图 4-22 所示。

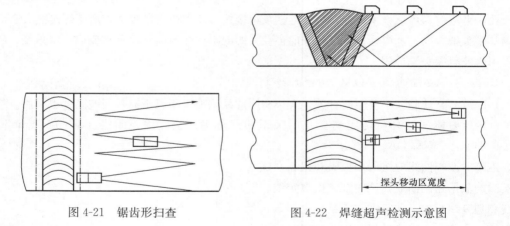

图 4-21　锯齿形扫查　　　　　　　　　图 4-22　焊缝超声检测示意图

（2）前后、左右、转动、环绕扫查。发现缺陷后，为观察缺陷动态波形和区分缺陷信号或伪缺陷信号，确定缺陷的位置、方向和形状，可采用前后、左右、转动和环绕四种探头基本扫查方式，如图 4-23 所示。

1）前后与左右扫查。当用锯齿形扫查发现缺陷后，可用前后与左右扫查找到缺陷的最大回波处，用前后扫查来确定缺陷的水平距离或深度，用左右扫查来确定缺陷沿焊缝方向的长度。

2）转动扫查。可利用转动扫查推断缺陷的方向。

3）环绕扫查。可利用环绕扫查大致推断缺陷的形状。扫查时如果缺陷回波高度几乎保持不变，则可大致判断为点状缺陷。

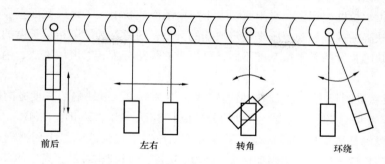

图 4-23　前后、左右、转角、环绕扫查

（3）横向缺陷的扫查。为了检测焊缝或热影响区的横向裂纹，可采用如下扫查方式，同时将扫查灵敏度适当提高，一般提高 6dB。

1）平行扫查。对磨平的焊缝，可将斜探头直接放在焊缝上作平行扫查，如图 4-24 所示。

2）斜平行扫查。对于有余高的焊缝可在焊缝两侧边缘，使探头与焊缝成一定夹角（<10°）作斜平行扫查，如图 4-25 所示。

3）交叉扫查。对电渣焊中的人字形横向裂纹，可用 K1 斜探头在焊缝两侧 45°方向作交叉扫查。

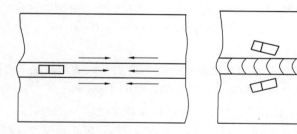

图 4-24　平行扫查　　　　　　图 4-25　斜平行扫查

3. 缺陷的评定

当超声波检测发现缺陷显示信号之后，要对缺陷进行评定，以判断是否危害使用。缺陷评定的内容主要是缺陷位置的确定和缺陷尺寸的评定。缺陷位置的确定包括缺陷平面位置和埋藏深度的确定；缺陷尺寸的评定包括缺陷回波幅度的评定、当量尺寸的评定和缺陷延伸长度（或面积）的测量。斜探头横波检测中缺陷的评定包括缺陷水平位置和垂直深度的确定以及缺陷的尺寸评定。缺陷的尺寸是通过测量缺陷反射波高与基准反射体回波波高之比，以及测定缺陷的延伸长度来进行评定的。

（1）缺陷位置的确定及当量的评定。斜探头横波检测中缺陷的评定包括缺陷水平位置和垂直深度的确定，以及缺陷的当量值的评定。

缺陷的水平位置和垂直位置深度是根据缺陷反射回波幅度最大时，在经校准的仪器屏幕上缺陷回波的前沿位置所读出的声程距离或水平、垂直距离，再按已知的探头折射角计算得到的。

在实际的工作中，一般将缺陷最大反射波幅的位置定义为缺陷的位置，此时该反射回波的最大反射波幅值作为缺陷的当量值。

（2）缺陷指示长度的测量。对于面积大于声束截面或长度大于声束截面直径的缺陷，则根据可检测到的缺陷的探头移动范围来确定缺陷的大小，通常称为缺陷指示长度的测定。

根据测定缺陷长度的灵敏度基准不同，可以将测长法分为相对灵敏度法、绝对灵敏度法和端点峰值法。

1）相对灵敏度测长法。是以缺陷最高回波为相对基准，沿缺陷的长度方向移动探头，降低一定的 dB 值来测定缺陷的长度。降低的分贝值有 3dB、6dB、10dB、12dB、20dB 等几种。

相对灵敏度测长法的操作过程是，发现缺陷回波时，找到缺陷最大回波高度，以此为基准，然后沿缺陷长度方向的一侧移动探头，使缺陷回波下降到相对最大高度的某一确定值，记下此时的探头位置。再沿着相反的方向移动探头，使缺陷回波在另一侧下降到相同高度时，记录下探头的位置。量出两个位置间探头移动的距离，即为缺陷的指示长度。

根据缺陷回波相对于最大高度降低的 dB 值，相对灵敏度测长法使用较多的是 6dB 法和端点 6dB 法。

a. 6dB 法（半波高度法）。由于波高降低到 6dB 后正好为原来的 1/2，因此 6dB 法又称为半波高度法。是用来测缺陷长度常用的一种方法。适用于测长扫查过程中缺陷波只有一个高点的情况。

b. 端点 6dB 法。当扫查过程中缺陷反射波有多个高点时，测长采用端点 6dB 法。当发现缺陷后，探头沿着缺陷方向左右移动，找到缺陷两端的最大反射波，分别以这两个反射波高为基准，继续向左、向右移动探头，当端点反射波高降低 1/2 时（即 6dB 时），探头中心线之间的距离即为缺陷的指示长度。

半波高度法和端点 6dB 法都属于相对灵敏度法，因为它们是以被测缺陷本身的最大反射波或缺陷本身两端最大反射波为基准来测定缺陷长度的，如图 4-26 所示。

2）绝对值灵敏度测长法。绝对值灵敏度测长法是在仪器灵敏度一定的条件下，探头沿缺陷长度方向平行移动，当缺陷波高降到规定位置时（见图 4-27），将此时探头移动的距离作为缺陷指示长度。

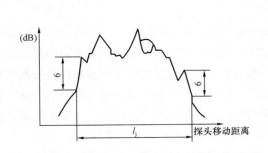

图 4-26　端点 6dB 法测缺陷长度

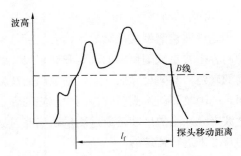

图 4-27　绝对值灵敏度法测缺陷长度

绝对值灵敏度测长法测得缺陷指示长度与测长灵敏度有关系，测长灵敏度高，缺陷长度大。在自动检测中常用绝对灵敏度法测长。

3）端点峰值法。探头在测长扫查过程中，如果发现缺陷反射波幅值起伏变化，有多个高点时，则可以将缺陷两端反射波极大值之间探头的移动长度作为缺陷指示长度，如图 4-28 所示。这种方法称为端点峰值法。

端点峰值法测得的缺陷长度比 6dB 法测得的指示长度要小一些，同样，端点峰值法适用于测长扫查过程中，缺陷反射波有多个高点的情况。

根据 NB/T 47013.3—2015 标准要求，当缺陷反射波只有一个高点，且位于Ⅱ区或Ⅱ区以上时，用 6dB 法测量其缺陷指示长度。当缺陷反射波峰起伏变化，有多个高点，且均位于Ⅱ或Ⅱ区以上时，应以端点 6dB 法测量其指示长度。当缺陷反射波幅位于Ⅰ区，将探头左右移动，使波幅降到评定线，以评定线绝对灵敏度法测量缺陷指示长度。

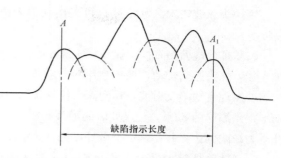

缺陷指示长度

图 4-28 端点峰值法测缺陷长度

4. 质量分级

缺陷定位定量之后，要根据缺陷的当量和指示长度结合有关标准的规定评定焊缝的质量级别。

NB/T 47013.3—2015《承压设备无损检测 第三部分：超声检测》将焊接接头质量分为Ⅰ、Ⅱ、Ⅲ 三个等级，其中Ⅰ级质量最高，Ⅲ级质量最低。具体分级规定参考 NB/T 47013.3—2015。

（二）螺栓超声检测

螺栓超声检测方法主要采用纵波直探头法、小角度纵波法和横波斜探头法，爬波和相控阵可作为辅助检测。

纵波直探头检测方法是一种常规螺栓检测方法，它检测效率高，对现场检测条件、检测面要求低，对螺栓结构形式及长度适应性强，螺栓内部各类缺陷检出率高，对螺杆边缘及丝扣裂纹检测灵敏度稍低于小角度纵波法和横波斜探头法。下面介绍两种直探头灵敏度调整及检测方法。

1. 灵敏度试块调整法

（1）曲线制作。按照 DL/T 694—2012 第 5.2.3 条规定扫描速度进行调整。按"曲线制作"键，进入曲线制作界面，将探头置于 LS-I 试块上，按"波峰记忆"键，移动探头依次扫查找到不同深度的横孔最高回波，按"自动增益"到满屏 80%，按"确认"键制作曲线。

（2）检测灵敏度设置。直探头纵波法检测灵敏度采用 LS-1 试块调整，方法：根据查 DL/T 694—2012 表 1 找到最大的检测距离，探头置于 LS-1 试块上找到该距离处的 $\phi1mm$ 横孔最高反射波，自动增益到 80%屏高作为基准灵敏度，再根据被检螺栓的规格和结构型式提高一定的增益（dB）作为检测灵敏度。低合金钢螺栓检测灵敏度根据表 4-2（DL/T 694—2012 中表 3）选择，即在基准灵敏度之上增益 6dB。

表 4-2　　　　　　　　　　　　检测灵敏度选择

	螺栓型式	被检部位	检测灵敏度	判伤界限
低合金钢螺栓	无中心孔柔性	本侧	$\phi1mm\sim6dB$	$\phi1mm\sim4dB$
		对侧	$\phi1mm\sim14dB$	$\phi1mm\sim10dB$
	右中心孔柔性	本侧	$\phi1mm\sim6dB$	$\phi1mm\sim0dB$

直探头纵波法检测灵敏度也可采用其他方法调整，但不应低于1mm模拟裂纹的检测灵敏度。

（3）螺栓端面扫查。将探头置于螺栓端面扫查，探头移动速度应缓慢，移动间距不大于探头半径，探头适当转动，探头晶片不应超过端面或覆盖中心孔。

若发现有缺陷反射波，移动探头找到缺陷的最高回波，保持探头不动，自动将缺陷回波自动增益到满屏的80%，记录此时的增益读数。向左或右移动探头使缺陷回波降到满屏的40%，此时为缺陷的边界并在螺栓上做好标记，测量左、右两侧标记的距离为缺陷的长度。

（4）缺陷评定。低合金钢无中心孔柔性螺栓，缺陷信号位于本侧，其反射波幅不小于ϕ1mm～6dB反射当量，且指示长度不小于10mm，应判定为裂纹。缺陷信号在对侧，其反射波幅不小于ϕ1mm～16dB反射当量，且指示长度不小于10mm，应判为裂纹。详见DL/T 694—2012第6.3条。

2. 灵敏度丝扣波调整法

（1）探伤灵敏度设置。直探头纵波探伤灵敏度采用螺栓丝扣来调整，将探头置于螺栓端面，找到探伤部位的丝扣波，前后移动探头，使反射波最强，然后调整增益，将丝扣反射波调整到满屏的60%。

（2）螺栓扫查。将探头置于螺栓端面扫查，探头移动速度应缓慢，移动间距不大于探头半径，探头适当转动，探头晶片不应超过端面或覆盖中心孔。若发现有缺陷反射波，移动探头找到缺陷的最高回波，保持探伤灵敏度不变，探头沿周向两侧移动来测长，缺陷波波幅降至与丝扣波波幅相同时，探头移动距离为指示长度。

（3）缺陷评定。缺陷反射波幅大于或等于丝扣波6dB，且指示长度大于等于10mm，应判为裂纹。

四、超声检测在水电厂的典型应用

超声检测的适用范围非常广，从检测对象的材料来说，可以用于金属、非金属和复合材料；从检测对象的制造工艺来说，可以用于锻件、铸件、焊接件、胶粘件等；从检测对象的形状来说，可以用于板材、棒材、管材等；从检测尺寸来说，厚度小至1mm，还可以大至几米；从检测缺陷部位来说，既可以是表面缺陷，也可是内部缺陷。

超声检测在水电厂金属结构检测的应用十分广泛。主要包括各类焊缝和螺栓的现场检测。

【案例4-2-1】压油槽人孔角焊缝缺陷。某机组压油槽在定期检验中对人孔角焊缝进行UT检测，发现在＋X方向，长度约为300mm，深度15～24mm的范围内存在断续长度不一的超标缺陷，最高反射当量为ϕ1×6+10dB（见图4-29），按JB/T 4730—2005评为Ⅲ级，不合格。

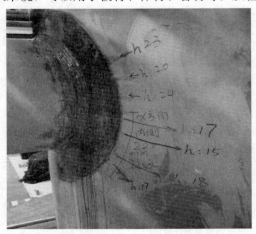

图4-29　压油槽人孔门焊缝UT检测

【案例4-2-2】螺杆缺陷。某机组定子固定预埋螺杆的超声波检测波形显示如图 4-30 所示。波形显示在离端面 1274mm 位置存在反射信号，在底部 1700mm 位置有较强的反射信号，缺陷的出现使底波的反射强度从 80％降低到了 73.5％，底波强度降低并不大，随着探头在整个端面移动，1274mm 处的反射信号有消失的现象出现，说明螺栓在距检测端面 1274mm 存在夹渣类缺陷。

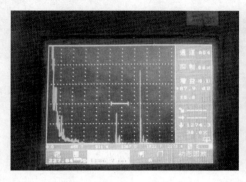

图 4-30　超声检测定子固定预埋螺杆内部缺陷

【案例 4-2-3】螺栓缺陷。某机组 A 级检修发现涡壳人孔门把合螺栓（M30×90）9 号螺栓丝扣 20mm 处存在超标缺陷（图 4-31）。

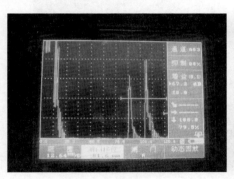

图 4-31　蜗壳人孔门把合螺栓超声检测

【案例 4-2-4】螺栓缺陷。某机组 A 级检修 UT 检测时，发现转子磁轭拉紧螺栓 96 号上部丝扣 74mm 处存在裂纹反射回波，并完全遮盖底波，在拉紧螺杆拔出过程中完全断裂。从断面观察裂纹起源于螺纹根部，裂纹扩展至 1/2 半径处（见图 4-32）。

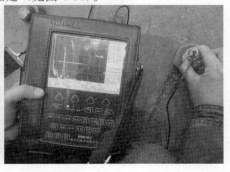

图 4-32　转子磁轭拉紧螺栓断裂

【**案例 4-2-5**】螺杆缺陷。某机组 A 级检修 UT 检测发电机联轴螺栓发现联轴螺栓存在超标缺陷（分层），如图 4-33 所示，判定为不合格，并进行更换。

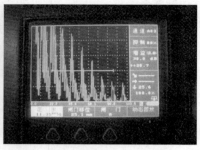

图 4-33　发电机联轴螺栓分层缺陷

【**案例 4-2-6**】螺杆缺陷。某机组 C 级检修 UT 检测中发现调速环组合螺栓一个螺栓存在超标缺陷，缺陷位于螺杆与螺栓头部联接处（从端部向下 175mm），缺陷回波遮盖底波，判定为超标缺陷，螺栓判废（见图 4-34）。

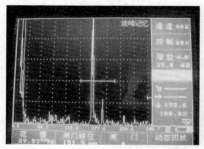

图 4-34　调速环组合螺栓超标缺陷

【**案例 4-2-7**】水轮机大轴。某水轮机大轴出厂验收，该不锈钢套由 2 块不锈钢板焊接而成，对水轮机大轴轴颈不锈钢套进行 UT 检测，UT 检查发现有 7 处存在超标缺陷（见图 4-35）。

图 4-35　大轴轴颈不锈钢套焊缝检测

第三节　磁　粉　检　测

一、磁粉检测原理

磁粉检测（magnetic particle testing，MT），又称为磁粉检验或磁粉探伤。铁磁性材料工件被磁化后，由于不连续的存在，使工件表面和近表面的磁感应线发生局部畸变而产生漏磁场，吸附施加在工件表面的磁粉，在合适的光照下形成目视可见的磁痕，从而显示出来不连续性的位置、大小、形状和严重程度，不连续性处漏磁场分布如图 4-36 所示。

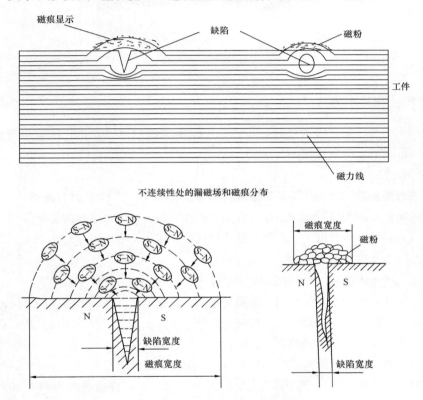

图 4-36　磁粉检测原理示意图

二、磁粉检测仪器及设备

1. 磁化设备

磁粉检测设备又称为磁粉探伤仪，通常按其使用方法可分为固定式、移动式以及便携式等；按设备的组合方式分为一体型和分立型两种。

2. 磁粉

按磁痕观察分为荧光磁粉和非荧光磁粉；按施加方式分为湿法磁粉和干法磁粉。

水电机组现场磁粉检测通常选用便携式磁粉探伤仪（见图 4-37）和湿法磁粉，便携式探伤仪具有体积小、质量轻和携带方便的特点，额定周向磁化电流一般为 500～2000A。湿法磁粉采用磁膏和水按照一定比例进行调配，目前市面上已有厂家生产瓶装煤油调配的黑磁悬液。

图 4-37　交叉磁轭探伤仪

三、磁粉检测基本方法

磁粉检测七个程序是：①预处理；②磁化；③施加磁粉或磁悬液；④磁痕观察与记录；⑤缺陷评级；⑥退磁；⑦后处理。

1. 预处理

对即将进行磁粉检测的工件预备性处理。需要清除的有：工件表面的油脂、污垢、锈蚀、氧化皮、厚的或松动的油漆等保护涂层，以及一些外来的会影响灵敏度的物质等。

清除方法：喷沙、溶剂清洗、砂纸（砂轮）打磨、抹布擦洗。

2. 磁化、施加磁粉或磁悬液

磁化方法、磁化电流和磁粉的选择如下：管棒（包括环类）构件一般采用一次周向磁化加一次线圈纵向磁化；大型钢构件采用局部磁化方法。磁化电流选择一般参照磁化规范内容或采用标准试片法进行验证。检测要求高、精密工件及色泽对比差的工件利用荧光法；非荧光法应用非常广泛，根据工件色泽可选取相应磁粉。

按施加磁悬液（磁粉）的先后顺序可分为：剩磁法和连续法。

（1）剩磁法。通电时间 0.25～1s，反复磁化 2～3 次，然后浇磁悬液 2～3 遍或将工件浸入磁悬液中，10～20s 后取出检验。磁化后的工件在检验完毕前，不要与任何铁磁性材料接触，以免产生磁泄。

（2）连续法。湿连续法先用磁悬液润湿工件表面，同时磁化磁悬液（通电时间为 1～3s，间隔 1～2s，反复几次），最后断电应为施加磁悬液动作完成之后，然后再通电 1/4～1s，1～2 次，巩固磁痕。

满足剩磁法检验条件的材料可使用剩磁法。即剩磁不小于 0.8T，矫顽力不低于 800A/m 的材料，不满足这个条件的工件一律采用连续法。

3. 磁痕观察、记录与缺陷评级

（1）磁痕观察。磁痕的观察和评定一般应在磁痕形成后立即进行。缺陷磁痕显示记录的内容是：磁痕显示的位置、形状、尺寸和数量等。

（2）记录的方法。照相、贴印、橡胶铸型法、录像、可剥性涂层、临摹等。

（3）缺陷评级。根据 NB/T 47013.4—2015，确定是相关显示、非相关显示或伪显示，确定缺陷的性质，确定磁痕是条状或圆形，是纵向还是横向，磁痕的大小表征。

4. 退磁

退磁是去除工件中剩磁、使工件材料磁畴重新恢复到磁化前那种杂乱无章状态的过程。

交流退磁：交流电方向不断改变，磁场幅值能逐渐衰减到零就可以实现退磁。由于交流磁场具有趋肤效应，它能够退磁的深度较浅。

5. 后处理

对合格工件，清洗，去除工件表面磁粉和磁悬液；对不合格工件，标记缺陷的位置和尺度范围，以便进一步验证和进行返修；对报废品，在探伤报告中注明其数量，对主要缺陷（报废原因）进行定性、定量、定位分析。如有可能，还可对缺陷产生原因进行分析，提出防止缺陷的意见和建议。

四、磁粉检测典型应用

磁粉检测适用于检测铁磁性材料，工件表面和近表面尺寸很小，间隙极窄和目视难以看出的缺陷，马氏体不锈钢和沉淀硬化不锈钢材料具有铁磁性，因而可以进行磁粉检测。不适用于非铁磁性材料，比如奥氏体不锈钢材料和用奥氏体不锈钢焊条焊接的焊缝，也不适用于检测铝、镁、钛合金等非铁磁性材料。

磁粉检测适用于工件表面或近表面的裂纹、白点、发纹、折叠、疏松、冷隔、气孔、夹杂等缺陷，但是不适用于检测工件表面浅宽的划痕、针孔状缺陷、埋藏较深的内部缺陷和延伸方向与磁感应线方向夹角小于 20°的缺陷。

磁粉检测在水电金属结构可以用于所有铁磁性金属工件的检测，包括各类过流件、转动件、水工金属结构部件，只需要部件有铁磁性即可。

【案例 4-3-1】某机组 A 级检修，对过速保护装置油管开展磁粉检测，发现焊缝存在一处气孔，经打磨检查，该处气孔穿透管壁并存在 5mm 裂纹（见图 4-38）。清根补焊处理后经磁粉检测，检查合格。

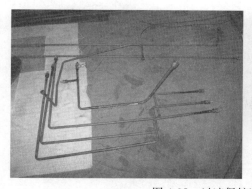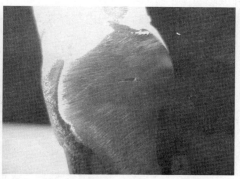

图 4-38　过速保护装置油管焊缝缺陷

【案例 4-3-2】某机组 A 级检修，顶盖上部及下部减压板经宏观检查无可见变形和缺陷，宏观检查合格。Ⅰ类焊缝进行 100％MT 检测，顶盖上部立筋搭接环形焊缝（箭头标注位置）靠组合面左侧—X方向存在一条长90mm裂纹（见图4-39），经补焊打磨后检查合格。

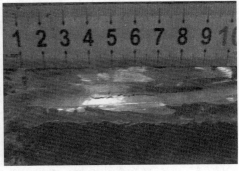

图 4-39　顶盖焊缝裂纹

【案例 4-3-3】某机组 A 级检修，对转子中心体和支臂焊缝进行 MT 检测，发现 4 号轮幅孔左侧中间筋板有一条 30mm 裂纹和 8 号轮幅孔内侧顶端有密集型裂纹（见图4-40）。

图 4-40　转子中心体、支臂焊缝裂纹

【案例 4-3-4】某机组 A 级检修，对上机架焊缝进行 MT 检测，抽查 1 号、2 号、6 号支臂焊缝（编号为＋X方向顺时针起），发现 3 条支臂焊缝均存在裂纹，扩大检查范围对机架 8 条支臂焊缝进行 100％MT 检查，发现多条裂纹，裂纹最长达 320mm，对上述裂纹进行清理时发现筋板焊接时未开坡口，焊缝内部存在未焊透和夹渣，焊接质量较差（见图4-41）。缺陷修复后 MT 复检未发现缺陷，检测合格。

图 4-41　上机架焊缝裂纹

【案例 4-3-5】某机组 A 级检修，经 MT 检测发现转轮上冠顶部引水板裂纹，共发现 7 条裂纹，裂纹总长度为 1700mm，单条裂纹最长为 400mm（见图 4-42）。上述缺陷经清根补焊打磨后再次进行 MT 检测，未发现缺陷，合格。

图 4-42　转轮上冠顶部引水板裂纹

【案例 4-3-6】某水电厂 1 号低压储气罐（材质：Q235B）定期检验。在对 1 号低压储气罐人孔与筒体搭接焊缝（见图 4-43）、内壁人孔角焊缝（见图 4-44）和进气口管座角焊缝进行 MT 检测时发现该 3 处焊缝存在裂纹。

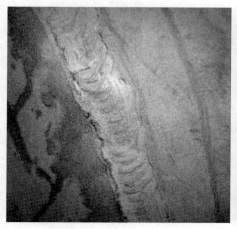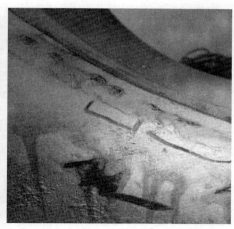

图 4-43　人孔与筒体搭接焊缝裂纹　　　　图 4-44　内壁人孔角焊缝裂纹

第四节　渗　透　检　测

一、渗透检测基本原理

渗透检测的基本原理是利用液体的毛细作用。工件表面被施涂含有荧光染料或者着色染料的渗透剂后，在毛细作用下，经过一定时间，渗透剂可以渗入表面开口缺陷中；去除工作表面多余的渗透剂，经过干燥后，再在工件表面施涂吸附介质，即显像剂；同样在毛细作用下，显像剂将吸引缺陷中的渗透剂，即渗透剂回渗到显像中；在一定的光源下（黑光或白光），缺陷处的渗透剂痕迹被显示（黄绿色荧光或鲜艳红色），从而探测出缺陷的形貌及分布状态。渗透检测的基本原理如图 4-45 所示。

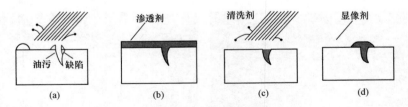

图 4-45 渗透检测原理图
(a) 预清洗；(b) 渗透；(c) 清洗；(d) 显像

渗透检测可以检查金属（钢、耐热合金、铝合金、镁合金、铜合金）和非金属（陶瓷、塑料）工件的表面开口的缺陷，例如：裂纹、疏松、气孔、夹渣、冷隔、折叠、氧化斑疤等。这些表面开口缺陷，特别是细微的表面开口缺陷，一般情况下，直接目视检查是难以发现的。

渗透检测不受被检工件化学成分限制。渗透检测可以检查磁性材料，也可检查非磁性材料；可以检查黑色金属，也可以检查有色金属，还可以检查非金属。

渗透检测不受工件结构限制，渗透检测可以检查焊接件或铸件，也可以检查压延件和锻件，还可以检查机械加工件。

渗透检测不受缺陷形状（线性缺陷或体积型缺陷）、尺寸和方向的限制。只需一次渗透检测，即可同时检查开口于表面的所有缺陷。

根据渗透剂所含染料分类，渗透检测分为荧光渗透检测法、着色渗透检测法和荧光着色渗透检测法，简称荧光法、着色法、荧光着色法三大类。渗透剂内含荧光物质，缺陷图像在紫外线下能激发出荧光的为荧光法。渗透剂内含有色染料，缺陷图像在白光和日光下能显色的为着色法。荧光着色法兼备荧光和着色两种方法的特点，缺陷图像在白光或日光下能显色，在紫外线下又能激发出荧光。

根据渗透剂去除方法，渗透检测分类水洗型、后乳化型和溶剂去除型三大类。水洗型渗透法是渗透剂内含一定量的乳化剂，工件表面多余的渗透剂可以直接用水洗掉。有的渗透剂虽不含乳化剂，但溶剂是水，即水剂渗透剂，工件表面多余的渗透剂也能直接用水洗掉，属于水洗型渗透法。后乳化型渗透法的渗透剂不能直接用水从工件表面洗掉，必须增加一道乳化工序，即工件表面上多余的渗透剂要用乳化剂"乳化"后方能用水洗掉。溶剂去除型渗透法是用有机溶剂去除工件表面多余的渗透剂。

根据显像剂类型，渗透剂检测分为干式显像法、湿式显像法两大类。干式显像法是以白色细微粉末作为显像剂，施涂在清洗并干燥的工件表面上。湿式显像法是将显像粉末悬浮于水中（水悬浮显像）或溶剂中（溶剂悬浮显像剂），也可将显像粉末溶解于水中（水溶性显像剂）。此外，还有塑料薄膜显像法；也有不使用显像剂，实现自显像的。

渗透检测和磁粉检测都属于表面检测，两种方法各有优、缺点，两者性能比较如表 4-3 所示。

表 4-3　　　　　　　　　　　表面缺陷无损检测方法的比较

方法 项目	渗透检测（PT）	磁粉检测（MT）
方法原理	毛细渗透作用	磁场作用
适用材质	非多孔性材料	铁磁性材料
能检测出的缺陷	表面开口缺陷	表面和近表面缺陷
应用对象	任何非多孔型材料工件及 作用中上述工件检测	铸钢件、锻钢件、压延件、管材料、焊接件、 型材、焊材、机加工件及应用中的上述工件 检测
缺陷表现形式	渗透剂被呈现剂吸附	漏磁场吸附磁粉形成磁瘤子
缺陷显示	直观	直观
缺陷性质判断	能大致确定	能大致确定
灵敏度	较高	高
检测速度	慢	较快
污染	较重	较轻

二、渗透检测试剂和试块

（一）渗透检测试剂

以下内容将介绍水电金属结构现场检测常见的渗透检测方法，即着色溶剂去除型干式显像法，为常见的套装喷灌式渗透检测剂（见图 4-46）。三种试剂的实际作用如下。

（1）渗透剂。在毛细作用下，经过一定时间，渗透剂可以渗入表面开口缺陷中。

（2）清洗剂。预清洗将工件表面任何可能影响渗透检测的污染物清除干净，如油剂、污渍等。此外，渗透过程结束后，还可以用清洗剂去除工作表面多余的渗透剂。

图 4-46　典型渗透检测试剂

（3）显像剂。经过干燥后，再在工件表面施涂吸附介质——显像剂；同样在毛细作用下，显像剂将吸引缺陷中的渗透剂，即渗透剂回渗到显像中；在一定的光源下，缺陷处的渗透剂痕迹被显示鲜红色，从而显现缺陷的形貌及分布状态。

（二）渗透检测试块

试块是指带有人工缺陷或自然缺陷的试件。它是衡量渗透检测灵敏度的器材，也称灵敏度试块。

渗透检测试块种类分为：铝合金淬火试块（A 型试块）、不锈钢镀铬辐射状裂纹试块（B 型试块）、黄铜板镀镍铬层裂纹试块（C 型试块）等。其中铝合金试块（A 型试块）和镀铬试块（B 型试块）为常用试块。

铝合金试块主要用于以下两种情况：①在正常使用情况下，检验渗透检测剂能否满足要求，以及比较两种渗透剂性能的优劣；②用于非标准温度下的渗透检测方法做出鉴定。镀铬试块主要用于检验渗透检测剂系统灵敏度和操作工艺正确性。

1. 铝合金试块（A 型对比试块）

铝合金试块尺寸如图 4-47 所示，试块由同一块剖开后具有相同大小的两部分组成，并打上相同的序号，分别标 A、B 记号，A、B 试块上均具有细密相对称的裂纹。

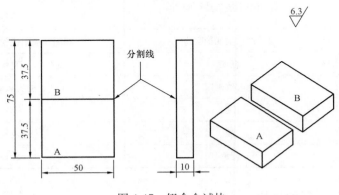

图 4-47　铝合金试块

2. 镀铬试块（B 型试块）

将一块材料为 S30408 或其他不锈钢板材加工成尺寸如图 4-48 所示试块，在试块上单面镀

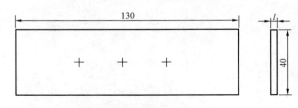

图 4-48　三点式 B 型试块

铬，镀铬层不大于 $150\mu m$，表面粗糙度 R_a $=1.2\sim2.5\mu m$，在镀铬层背面中央选相距约 25mm 的 3 个点位，用布氏硬度在其背面施加不同负荷，在镀铬面形成从大到小、裂纹区长泾差别明显、肉眼不易见的 3 个辐射状裂纹。

三、渗透检测基本方法

（一）渗透检测操作的基本步骤

渗透检测一般应在冷热加工之后，表面处理之前进行以及工件制成之后进行。焊接接头的渗透检测应在焊接完工后或焊接工序完成后进行。对有延迟裂纹倾向的材料，至少应在焊接完成 24h 后进行焊接接头的渗透检测。紧固件和锻件的渗透检测一般应安排在热处理之后进行。着色溶剂去除型干式渗透检测方法基本步骤见图 4-49。

1. 预清洗

对被检部位预清洗，去除检测表面的油渍、污垢。清洗时可采用溶剂、洗涤剂等进行。清洗后，检测面上遗留的溶剂和水分等必须干燥，且应保证在施加渗透剂前不被污染。

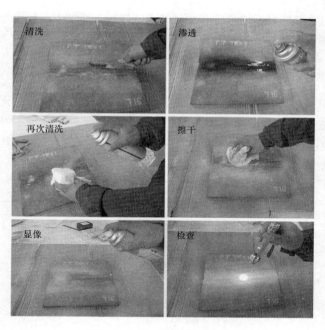

图 4-49　渗透操作基本步骤

2. 施加渗透剂

渗透剂施加方法应根据工件大小、形状、数量额检测部位来选择。所选方法应保证被检部位完全被渗透剂覆盖，并在整个渗透时间内保持湿润状态。

在整个检测过程中，渗透剂的温度和工件表面温度应在 5～50℃。在 10～50℃ 的温度条件下，渗透剂持续时间一般不应少于 10min；在 5～10℃ 的温度条件下，渗透剂持续时间一般不应少于 20min 或者按照说明书进行操作。

3. 去除多余的渗透剂

在清洗工件表面以去除多余的渗透剂时，应注意防止过度去除而使检测质量下降，同时也应注意防止去除不足而造成对工件缺陷显示识别困难。

4. 干燥处理

当采用干式显像剂渗透检测方法，应将工件表面擦拭干净，并进行干燥处理。

5. 施加显像剂

喷涂显像剂时，喷嘴离被检面距离为 300～400mm，喷涂方向与被检夹角为 30°～40°。将显像剂均匀地喷洒在整个被检表面上，并保持一段时间。多余的显像剂通过轻敲或轻汽流清除方式去除。

显像时间取决于显像剂种类、需要检测的缺陷大小以及被检工件温度等，一般应小于 10min，且不大于 60min。

6. 观察

观察显示应在干粉显像剂施加后或者湿式显像剂干燥后开始，在显示时间内连续进行。如果显示大小不发生变化，也可超过上述时间。

着色渗透检测时，缺陷显示的评定应在可见光下进行，通常工件被检处可见光照度应大于等于1000lx；当现场采用便携式设备检测，由于条件无法满足时，可见光照度可以适当降低，但不得低于500lx。

(二) 缺陷评定

显示分为相关显示、非相关显示和伪显示。非相关显示和伪显示不必记录和评定。

被检工件的质量按照 NB/T 47013.5—2015 标准第8.2条进行分级，焊接接头的质量分级按表4-4进行，其他部件的质量分级按照表4-5进行。不允许任何裂纹。紧固件和轴类零件不允许任何横向缺陷显示。

表4-4　　　　　　　　　　　　　　焊接接头的质量分级

等级	线性缺陷	圆形缺陷（评定框尺寸为35mm×100mm）
I	$l \leqslant 1.5$	$d \leqslant 2.0$，且在评定框内不大于1个
II		大于 I 级

注　l 表示线性缺陷显示长度，mm；d 表示圆形缺陷显示在任何方向上的最大尺寸，mm。

表4-5　　　　　　　　　　　　　　其他部件的质量分级

等级	线性缺陷	圆形缺陷（评定框尺寸为2500mm²，其中一条矩形边的最大长度为150mm）
I	不允许	$d \leqslant 2.0$，且在评定框内少于或等于1个
II	$l \leqslant 4.0$	$d \leqslant 4.0$，且在评定框内少于或等于2个
III	$l \leqslant 6.0$	$d \leqslant 6.0$，且在评定框内少于或等于4个
IV		大于 III 级

注　l 表示线性缺陷显示长度，mm；d 表示圆形缺陷显示在任何方向上的最大尺寸，mm。

四、渗透检测应用及典型缺陷

【案例 4-4-1】 某混流式机组 C 级检修 PT 检测发现 3、9 号叶片上冠出水边背面存在裂纹（见图 4-50）。

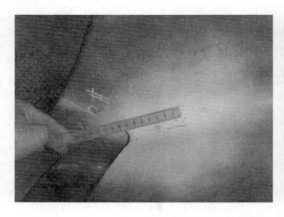

图 4-50　转轮叶片上冠出水边裂纹

【案例 4-4-2】 某机组调速器油压管道出现渗油，经 PT 检测发现位于法兰与管道联接焊缝上部约 10mm 处（母材）存在 20mm 贯穿裂纹，裂纹位于焊缝热影响区（见图 4-51），缺陷处理后裂纹消失（见图 4-52）。

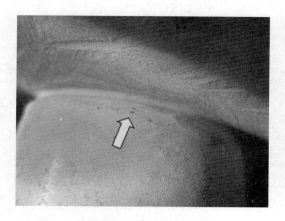

图 4-51 调速器油压管道法兰焊缝裂纹 　　　　　图 4-52 缺陷处理后 PT 检测

【案例 4-4-3】某机组 A 级检修对转轮减压板肉眼能发现的裂纹外侧延长部位进行 PT 检测，发现裂纹清晰可见，外侧裂纹沿焊缝中心开裂；内侧裂纹没有一定的规律。外侧发现 2 条大的裂纹（最长的约 1800mm），内侧发现有 8 处裂纹（最长约 790mm）（见图 4-53）。

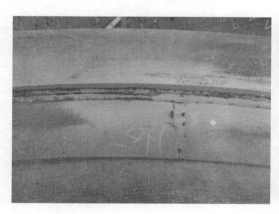

图 4-53 顶盖减压板裂纹

【案例 4-4-4】机组顶盖把合螺栓进行 PT 检查，该螺栓共 54 个，发现 3 个存在裂纹（见图 4-54），参照 DL/T 694—2012《高温紧固螺栓超声波检验技术导则》标准，评为不合格。

图 4-54 机组顶盖把合螺栓 PT 检查

【案例 4-4-5】 其他检查发现缺陷（见图 4-55、图 4-56）。

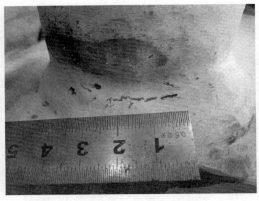

图 4-55　管座角焊缝裂纹检测

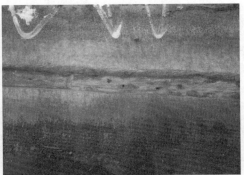

图 4-56　焊缝中的气孔、裂纹

第五节　理 化 检 测

一、力学性能检测

力学性能是指金属材料在不同环境因素（温度、介质）下承受外加载荷作用时所表现的行为，这种行为通常表现为变形和断裂。通常力学性能包括强度、塑性、刚度、弹性、硬度、冲击韧性和疲劳性能等，详见表 4-6。金属材料的力学性能是水电机组设备金属部件设计和选材的主要依据，外加载荷性质（例如拉伸、压缩、扭转、冲击、摩擦、密封、循环载荷等）不同，对金属材料要求的力学性能也不相同。例如碳素结构钢由于其具有较高的强度和延伸率，力学性能较为优良，在水电机组设制造中，用来制造压力钢管、固定导叶、底环等关键承力部件。表 4-7 列出了水电金属几种常用金属材料的力学性能。

表 4-6 金属材料力学性能表

名称		符号	单位	含　义
强度	抗拉强度	σ_b	MPa	金属试样拉伸时，在拉断前所承受的最大负荷与试样原横截面积之比，称为抗拉强度
	抗压强度	σ_{bc}	MPa	材料在压力作用下不发生碎、裂所承受的最大正应力
	抗弯强度	σ_{bb}	MPa	试样在位于两支承中间的集中负荷作用下，使其折断时，折断截面所承受的最大正应力
	屈服强度	σ_s	MPa	金属试样在拉伸过程中，负荷不再增加，而试样仍继续发生变形的现象称为屈服。发生屈服现象时的应力，称为屈服强度。对某些屈服现象不明显的金属材料，测定屈服点比较困难，常把产生 0.2% 永久变形的应力定为屈服强度
塑性	伸长率	A	%	金属材料在拉伸时，试样拉断后，其标距部分所增加的长度与原标距长度的百分比
	断面收缩率	ψ	%	金属试样拉断后，其颈缩处横截面积的最大缩减量与原横截面积的百分比
韧性	冲击韧性	α_K K_{CU} K_{CV}	J/cm²	金属材料对冲击负荷的抵抗能力称为韧性，通常用冲击值来度量。用一定尺寸和形状的试样，在规定类型的试验机上受一次冲击负荷折断时，试样刻槽处单位面积上所消耗的功
	断裂韧性	K_{IC}	MN/m³/²	是材料韧性的一个参量。通常定义为材料抗裂纹扩展的能力。例如，K_{IC} 表示材料平面应变断裂韧性值，其意为当裂纹尖端处应力强度因子在静加载方式下等于 K_{IC} 时，即发生断裂。相应地，还有动态断裂韧性 K_{Id} 等
疲劳强度	疲劳极限	σ_{-1}	MPa	材料试样在对称弯曲应力作用下，经受一定的应力循环数 N 而仍不发生断裂时所能承受的最大应力。对钢来说，如应力循环数 N 达 $10^6 \sim 10^7$ 次仍不发生疲劳断裂时，则可认为随循环次数的增加，将不再发生疲劳断裂。因此常采用 $N = (0.5 \sim 1) \times 10^7$ 为基数，确定钢的疲劳极限
刚性	弹性模量	E	N/mm²	金属在外力作用下产生变形，当力取消后又恢复到原来的形状和大小的一种特性。在弹性范围内，金属拉伸试验时，外力和变形成比例增长，即应力和应变成正比例关系时，这个比例系数就称为弹性模量，也叫正弹性模数
硬度	布氏硬度	HB	无单位	硬度是指材料抵抗外物压入其表面的能力。硬度不是一个单纯的物理量，而是反映弹性、强度、塑性等的一个综合性指标
	洛氏硬度	HR		
	维氏硬度	HV		

表 4-7 水电机组几种常用金属材料的力学性能

材料种类	材料牌号	屈服强度（MPa）	抗拉强度（MPa）	延伸率（%）	服役部件
碳素钢	Q235	235	370～500	26	压力钢管、蜗壳、固定导叶、尾水管、大轴、技术供水系统
碳素钢	Q345	345	470～630	≥17	
低合金钢	42CrMo	930	1080	12	螺栓等紧固件（调质处理）
	40Cr	980	785	9	

材料种类	材料牌号	屈服强度（MPa）	抗拉强度（MPa）	延伸率（%）	服役部件
合金钢	Cr13Ni4	/	600	15	转轮、活动导叶
	12Cr18Ni9	205	515	40	技术供水系统

金属材料的力学性能检测能在水电厂现场开展的十分有限，目前只有硬度能够现场开展检测，其他检测，如强度、塑性、韧性、疲劳强度等，都只能在实验室开展检测。每种力学性能指标都有专用仪器设备，强度和塑性可以采用电子万能试验机进行测试（见图 4-57），韧性可以采用冲击韧性试验机进行测试，疲劳强度可以采用动态疲劳试验机进行测试（见图 4-58）。以上力学性能测试不同于无损检测实验，都属于破坏性实验，需要从工件上切取特定规格的式样进行试验。

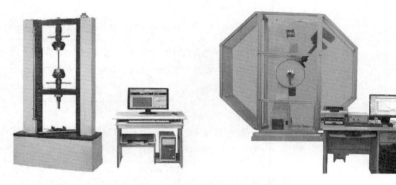

图 4-57　拉伸试验机　　　　图 4-58　疲劳试验机

在水电厂金属结构中，疲劳破坏是机械零件失效的主要原因之一。据统计，在机械零件失效中大约有 80% 以上属于疲劳破坏，而且疲劳破坏前没有明显的变形，所以疲劳破坏经常造成重大事故，所以对于轴、轴承、叶片、弹簧等承受交变载荷的零件要选择疲劳强度较好的材料来制造。

疲劳强度可靠性设计是在规定的寿命内和使用条件下，保证疲劳破坏不发生的概率在给定值（可靠度）以上的设计，使零部件的重量减轻到恰到好处。在常规疲劳强度设计中，有无限寿命设计（将工作应力限制在疲劳极限以下，即假设零件无初始裂纹，也不发生疲劳破坏，寿命是无限的）和有限寿命设计（采用超过疲劳极限的工作应力，以适应一些更新周期短或一次消耗性的产品达到零件质量轻的目的，也适用于宁愿以定期更换零件的办法让某些零件设计得寿命较短而质量较轻）。

总体而言，只要在设计中注意使用应力不超过已知的耐疲劳度极限，零部件一般不会在工作中出现失效。但是，耐疲劳度极限的计算不能解决可能导致局部应力集中的问题，即应力水平看起来在正常的"安全"极限以内，但仍可能导致裂纹的问题。

二、化学成分检测

钢，是对含碳量质量百分比在 0.02%～2.11% 的铁碳合金的统称。根据其是否添加合金元素，又可分为碳素钢和合金钢。碳素钢中一般含有 Fe、C、Si、Mn、P、S 等元素；合金钢中除以上元素外，分不同钢种，还含有 Cr、Ni、Mo 等其他元素。下面对每种元素在钢种的基本作用作简单说明。

（1）碳（C）。钢中含碳量增加，屈服点和抗拉强度升高，但塑性和冲击性降低，当碳量超过 0.23％时，钢的焊接性能变坏，因此用于焊接的低合金结构钢，含碳量一般不超过 0.20％。碳量高还会降低钢的耐大气腐蚀能力，在露天料场的高碳钢就易锈蚀；此外，碳能增加钢的冷脆性和时效敏感性。

（2）硅（Si）。在炼钢过程中加硅作为还原剂和脱氧剂，所以镇静钢含有 0.15％～0.30％的硅。如果钢中含硅量超过 0.50％～0.60％，硅就算合金元素。硅能显著提高钢的弹性极限，屈服点和抗拉强度，故广泛用于作弹簧钢。含硅 1％～4％的低碳钢，具有极高的导磁率，用于电器工业做矽钢片。硅量增加，会降低钢的焊接性能。

（3）锰（Mn）。在炼钢过程中，Mn 是良好的脱氧剂和脱硫剂，一般钢中含 Mn 0.30％～0.50％。在碳素钢中加入 0.70％以上时就算"锰钢"，不但有足够的韧性，且有较高的强度和硬度，如 16Mn 钢比 A3 屈服点高 40％。含 Mn 11％～14％的钢有极高的耐磨性，用于挖土机铲斗，球磨机衬板等。锰量增高，减弱钢的抗腐蚀能力，降低焊接性能。

（4）磷（P）。在通常情况下，P 元素为有害元素，P 元素能够增加模具钢的冷脆性，使模具钢焊接性能变坏；此外，还会降低塑性，使模具钢的冷弯性能变坏。因此通常要求钢中含 P 量小于 0.045％，优质碳素钢要求更低。

（5）硫（S）。S 元素在一般情况下也是有害元素。S 元素使模具钢产生热脆性，降低模具钢的延展性和韧性，在锻造和轧制时造成裂纹。S 元素对模具钢的焊接性能也不利，降低其耐腐蚀性。所以通常要求 S 含量小于 0.050％，优质钢要求小于 0.040％。

（6）铬（Cr）。在结构钢和工具钢中，Cr 元素能显著提高模具钢的强度、硬度和耐磨性，但同时降低模具钢塑性和韧性。Cr 元素又能提高模具钢的抗氧化性和耐腐蚀性，因而是不锈钢、耐热钢的重要合金元素。

（7）镍（Ni）。Ni 元素能提高模具钢的强度，而又保持模具钢良好的塑性和韧性。Ni 元素对酸碱有较高的耐腐蚀能力，在高温下有防锈和耐热能力。但由于中国贫镍，Ni 元素是较稀缺的资源，故应尽量采用其他合金元素代用镍铬钢。

（8）钼（Mo）。Mo 元素能使模具钢的晶粒细化，提高模具钢淬透性和热强性能，在高温时保持足够的强度和抗蠕变能力（长期在高温下受到应力，发生变形，称蠕变）。

目前，已经能够在现场对钢材的化学性能进行初步检测。采用手持式合金分析仪能够在现场对合金钢中合金元素进行检测（见图 4-59），因此能够对合金钢的牌号进行分辨，从而判定工件所用钢种以及化学成分是否合格；但是由于手持式合金分析仪不能对 C、P、S 等元素

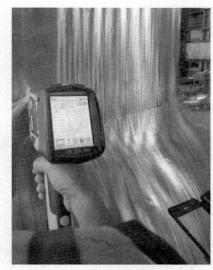

图 4-59　手持式合金分析仪检测轮毂表面堆焊层化学成分

进行检测，因此不能对碳素钢的牌号进行分辨。全谱立式光谱仪基本能够对钢中所有的元素进行检测，检测精度也较手持式合金分析仪更高，可以对所有钢种的化学成分进行检测，但是仪器对检测环境要求高，目前只能在实验室进行检测。

三、显微组织检测

材料的金相指金属组织中化学性质、晶体结构和物理性能相同的组成，其中包括固溶体、金属化合物及纯物质。金相组织由材料的成分、制造工艺共同控制，通过金相组织的观察，可以初步判断材料的力学性能。几种常见的金相组织有：铁素体、珠光体、奥氏体、回火马氏体。

铁素体是碳溶解在 α-Fe 中的间隙固溶体，用 α 或 F 表示，α 常用在相图标注中，F 在行文中常用。亚共析成分的奥氏体通过先共析析出形成铁素体。水电厂金属结构中，Q235、Q345 等钢的金相组织都是常见的铁素体＋珠光体组织（见图 4-60）。珠光体是由奥氏体发生共析转变同时析出的铁素体与渗碳体片层相间的组织，是铁碳合金中最基本的五种组织之一，代号为 P。

奥氏体是钢铁的一种层片状的显微组织（见图 4-61），是一种无磁性固溶体。奥氏体塑性很好，强度较低，具有一定韧性，不具有铁磁性。水电厂金属结构中所用的 Cr18Ni9 系不锈钢的金相组织即为该种组织。奥氏体组织具有较为平直的晶界。

图 4-60　铁素体＋珠光体组织

图 4-61　奥氏体组织

回火马氏体：淬火时形成的片状马氏体于回火第一阶段发生分解所形成的、在固溶体基体内弥散分布着极其细小的过渡碳化物薄片的复相组织；这种组织在金相（光学）显微镜下即使放大到最大倍率也分辨不出其内部构造，只看到其整体是黑针，这种黑针称为"回火马氏体"（见图 4-62）。高强螺栓为获得较高的强度和综合性能，一般采用调质处理（淬火＋高温回火），所得组织即为回火马氏体。不同于铁素体或者珠光体的等轴晶粒，回火马氏体组织的晶粒有一定取向。

金相检验主要有两个步骤：金相试样的制备和试样显微镜观察，前者主要有粗磨、抛光、蚀刻等步骤。粗磨的目的是得到平整光滑的磨面；抛光的目的是消除试样细磨时在磨面上留下的细微磨痕，得到平整、光亮、无痕的镜面。蚀刻的目的是对抛光的试样采用适当的方法进行显示，以观察显微组

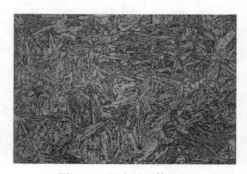

图 4-62　回火马氏体组织

织。常用的蚀刻方法为化学蚀刻法。对于不同的材料选用不同的化学试剂进行蚀刻：对于铁素体钢，可选用4%硝酸酒精溶液蚀刻；对于奥氏体钢，可选用$FeCl_3$盐酸溶液蚀刻；各种合金具体采用的蚀刻溶液和蚀刻时间可参考DL/T 884—2004《火电厂金相检验与评定技术导则》。实验室进行金相组织观察的设备如图4-63所示。在现场金相制样中，如不适合现场拍照时，可进行胶膜复型。胶膜复型的目的是将金相组织复制到覆膜片上。

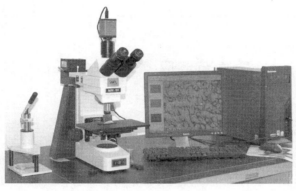

图4-63 实验室金相检验图

四、理化检测的基本应用

（1）某水电厂机组A修中对技术供水系统高压环管阀门进行更换，原阀门为碳钢阀门，更换为不锈钢阀门，阀门螺栓采用304奥氏体不锈钢，对阀门材质进行检测，阀门实测材质与设计材质不符，如图4-64所示，责成厂家退货处理。

（2）某水电厂采购8.8级螺栓送检，对螺栓开展理化分析，发现螺栓强度低于标准要求，螺栓金相组织为铁素体＋珠光体组织，如图4-65所示，组织异常。

该螺栓为45号钢，成分符合标准要求，螺栓标称强度等级为8.8级。从金相组织看，该螺栓组织为铁素体＋珠光体组织，表明螺栓加工后并没有进行调质处理（淬火＋高温回火），金相组织异常。该批次螺栓的抗拉强度只有654MPa，规定塑性延伸强度只有398MPa，如表4-8所示，低于标准要求。

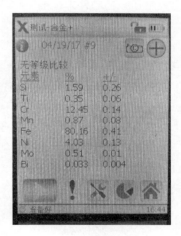

图4-64 螺栓材质检测不合格

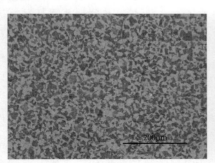
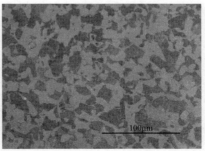

图4-65 螺栓金相组织

表 4-8 　　　　　　　　　　　　　螺栓力学性能检测

编号	抗拉强度 R_m（MPa）	屈服强度 $R_{eL}/R_{p0.2}$（MPa）	标准要求
1	657	400	$R_m \geqslant 800\text{MPa}$ $R_{p0.2} \geqslant 640\text{MPa}$
2	649	397	
3	656	397	

第六节 应 力 检 测

一、应力检测基本原理

在发电机组的设计上，既要考虑材料的轻型化（经济性），又要保证必要的强度（安全性），要使两者协调，就要知道材料各个部位的应力。应力是在施加的外力影响下物体内部产生的力（见图 4-66）。

$$应力 = 外力 P / 截面积 A \tag{4-1}$$

现有的科学水平，无法直接对应力进行测量，因此要通过测量出的应变值进行计算得到内部的应力。因绝大部分金属丝受到拉伸或缩短时，电阻值会增大（或减小），这种电阻值随形变发生变化的现象，叫做电阻应变效应。电阻应变片就是基于金属导体的电阻应变效应制成的，图 4-67 为根据电阻应变效应制作的应变片的基本构造。

图 4-66　材料内部应力

$$\frac{\Delta R}{R} = K \times \varepsilon \tag{4-2}$$

式中　R——应变片原电阻值，Ω；

　　ΔR——伸长或压缩所引起的电阻变化，Ω；

　　K——比例常数（应变片常数）；

　　ε——应变。

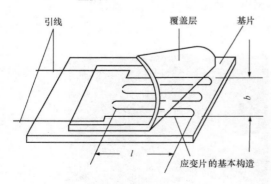

图 4-67　应变片基本构造图

将应变片贴在被测物体上，使其随着被测物的应变一起伸缩，金属箔材就会随着应变伸长和缩短，金属在机械性的伸长和缩短时电阻会随之变化。因此，通过电阻的变化即对应变进行测定。但是由于被测件变形导致的应变片的电阻变化其实很小，所以一般采用惠斯通电桥转换成电压信号来进行采集分析，图 4-68 为惠斯通电桥基本原理图。这种通过应变片把非电量参数转换成电阻变化，并通过电阻应变电桥及数采测试系统和计算机及其控制软件，通过计算得到想要分析的应力信号数据，这种测试系统通称为"电阻应变测试系统"。

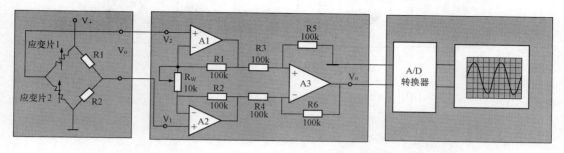

图 4-68　电阻应变片测量应变基本原理图

二、应力检测设备的分类及构造

1. 应变测量技术分类

（1）按频率划分。电阻测量技术可分为静态应变测量和动态应变测量两类：恒定的载荷或短时稳定的载荷的测量，称为静态测量；对载荷在高于 2Hz 变化的测量，称为动态测量。

（2）按温度划分。不同的工作温度对电阻应变片和导线等有不同的要求，一般将应变测量按工作温度分为五个区段：

常温应变测量：30～60℃；

中温应变测量：60～300℃；

高温应变测量：＞300℃；

低温应变测量：－30～－100℃；

超低温应变测量：＜－100℃。

2. 应变计类型分类

（1）箔式应变计。箔式应变计的制造工艺先进，可制成大小不同，单向和多项应变花，同一批制造的应变计参数集中，阻值又可以进行人工调整达到阻值规一化，箔材的宽度较大，粘贴牢固散热条件好，从而可以通过较大的电流，机械滞后和蠕变小，疲劳寿命长。

（2）纸基箔式应变计。这种应变计结合了纸基和箔式应变计的优点，它既具有纸基粘贴方便的特点，又具备了箔式应变计横向效应小，绝缘程度高，价格低廉。

（3）半导体电阻应变计。利用半导体材料的压阻效应制造的电阻应变计，其 K 值很大，约为 100 左右，但它可测线性量程小，价格亦贵，为此常用在制造高灵敏度的传感器中，作为敏感元件用。

3. 应力应变测试设备及系统构造

应变测试系统一般由应变片、惠斯通电桥、信号放大器、数据采集仪、控制分析软件等组成，图 4-69 为应变测试系统基本框图。

常见应变测试系统分类如下。

（1）静态应力应变测试，这类测试系统采样频率一般 200Hz 以下，一般适用于试件在稳定荷载作用下试件的静态响应测试。图 4-70 为典型的静态应变测试系统。

（2）动态应力应变测试，这类测试系统的采样频率做的很高，从 1kHz～10MHz，一般适

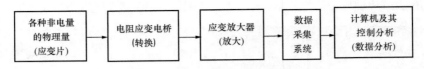

图 4-69 电阻应变测试系统结构框图

用于试件处在动荷载作用下的动态响应测试（见图 4-71）。

图 4-70 静态应变测试系统

图 4-71 动态应变测试系统

（3）无线应力应变测试，主要应用于移动、旋转工况下的测试（见图 4-72）。

三、应力应变测试基本方法

1. 应变片贴片

图 4-72 无线应变测试系统

在做应变试验的过程中，因为被测件的应变是靠应变片来进行传递的，所以应变片粘贴质量的好坏具有举足轻重的作用，将直接影响测量的结果。有时可能因为某些主要测点的应变片失效而导致测量工作失败，因此必须熟练掌握粘贴技术，以保证测量结果的准确性和可靠性。

（1）电阻应变片的选择。在应变片灵敏数 K 相同的一批应变片中，剔除表面有明显缺陷的应变片。首先用万用表测量应变片的电阻值，选出电阻值接近 120Ω 的应变片，记录应变片的阻值和灵敏度系数。

（2）试件表面的处理。用锉刀或粗砂纸等工具将贴片位置的油污、漆层、锈迹、电镀层清理干净，再用细砂纸打磨成 $45°$ 交叉纹，之后用镊子夹起棉球，沾上丙酮或者酒精，将贴片处擦洗干净。

（3）测点定位。应变片粘贴的位置及方向对应变测量的影响非常大，应变片必须准确地粘贴在结构或试件的应变测点上，而且粘贴方向必须是要测量的应变方向。

假设要测定试件的中心点的轴向应变，为达到上述要求，对于钢构件，要在试件上画一个十字线（一根长，一根短），十字线的交叉点对准测点位置，较长的一根线要与应变测量方向一致（分清正反面，胶水不要涂得太多，方向和位置必须准确）。

（4）应变片粘贴完毕后的检查。应变片贴好后，先检查有无气泡、翘曲、脱胶等现象，再用万用表检查应变片有无短路、断路和阻值发生突变（应变片粘贴不平整）的现象，如发生上述现象，会影响测量的准确性，需要重贴。

（5）导线固定。由于应变片的引出线很细，引出线与应变片电阻丝的连接强度很低，极易被拉断，因此需要进行固定。导线一端与应变片的引出线相连接，另一端与测试仪器（通常为应变仪）相连接。

（6）接线柱的粘贴。接线柱的作用是将应变片的引线与接入应变仪的导线连接。用镊子将接线柱按在要粘贴的位置，然后滴一滴胶水在接线柱边缘，待一分钟后，接线柱就会粘贴在试件上（接线柱不要离应变片太远，否则会使应变片的引出线与试件接触而导致应变片与试件短路。若接线柱与应变片相隔较远时，则要在引线的下面粘贴一层绝缘透明胶带，防止引出线与试件接触）。应变片的粘贴如图 4-73 所示。

图 4-73　应变片的粘贴

（7）焊接。用电烙铁将应变片的引出线和导线一起焊接在接线柱上（连接点必须用焊锡焊接，以保证测试线路导电性能的质量要求，焊点大小应均匀，不能过大，不能有虚焊）。

（8）绝缘度检查。应变片与试件之间必须是绝缘的，否则会导致测试的不准确。检查绝缘度就是用万用表检查应变片与试件之间的绝缘电阻，绝缘电阻在 50MΩ 以上为合格，低于 50MΩ 则再达不到要求，需要重贴。

（9）制作防潮层。应变片在潮湿环境或混凝土中必须具有足够的绝缘度，一旦应变片受潮，其阻值就会不稳定，从而导致无法准确地测量应变。因此，在应变片贴好后，必须制作防潮层。防潮层可以用环氧树脂或硅橡胶涂在应变片上（防潮要求不高时采用），引线的裸露部分也需要包裹住，包裹完再检查一遍绝缘度。防潮剂一般需固化 24h。防潮层的制作如图 4-74 所示。

（10）贴片过程中几种常见的错误。

1）贴片过程中按压不当导致应变片下有气泡。

2）应变片贴片位置偏离预定贴片位置所划刻度线。

3）应变片表面有机械损伤。

4）应变片焊盘处焊锡有毛刺，容易导致应变片的防护涂层被扎破。

5）应变片焊盘处焊锡有搭桥现象，将导致应变片短路，桥路平衡不了。

6）应变片焊盘处的延长导线没有完全浸润在焊锡中，容易导致虚焊，接触电阻不稳定，

图 4-74 防潮层的制作

测试数据乱跳。

7）应变片焊盘处松香、焊锡膏等助焊剂残留太多。

8）由于测点附近没有处理干净导致应变片的防护涂层有剥离现象，失去防护作用。

9）应变片的延长导线没有固定，一旦导线活动将导致应变片和导线脱离。

10）防护层与延长线之间由于处理不当形成隧道状的空隙，失去防护作用。

2. 硬件连接

采集箱上一般会标有＋Eg（正桥压输入）、Vi＋（正信号输出）、－Eg（负桥压输入）、Vi－（负信号输出）、屏蔽端 G 和 1/4 桥等接点。每种桥路方式对应的接点各不相同，如图 4-75～图 4-77 所示分别为 1/4 桥、半桥、全桥接线时的接线图。

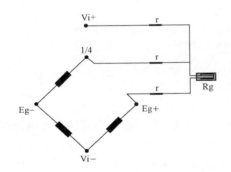

图 4-75　1/4 桥接线图

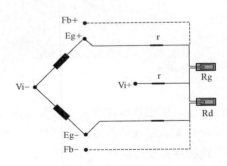

图 4-76　半桥接线图

（1）设置软件参数。不同的测试工况和现场要求不同的参数设置，主要需要考虑的参数设置项包括：应变片电阻、应变片灵敏度、桥路方式、导线电阻、量程范围、抗混滤波、上限频率、采样频率、谱线数等。

（2）采集数据。在保证贴片正确的情况下，打开测试系统进行首次平衡清零工作后，即可进行数据采集。

（3）测试数据的分析。为了评定结构的受力情况和性能，需要对试件结果和理解分析值进行比较，在最不利工况下试件的受力产生的应变值有没有超出材料本身或结构设计的最大强度值。

3. 应变测试典型应用

（1）用于水电站泄洪闸门应变应力测试（见图 4-78）。

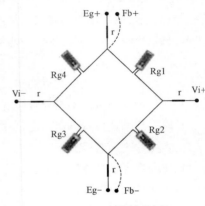

图 4-77　全桥接线图

（2）用于水电站水轮机叶片应变应力测试。

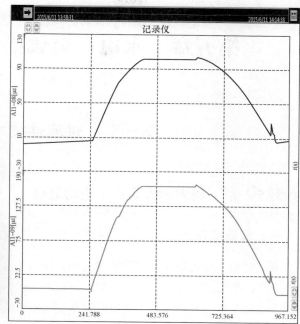

图 4-78　闸门应力应变试验

第五章 水电厂金属结构监督检测案例

第一节 过流件技术监督案例

案例 5-1-1 压力钢管裂纹分析与处理

一、故障简述

某水电站 3 号机组在负荷调整过程中，压力钢管人孔门附近大量射水（见图 5-1）。运行人员通过工业电视系统及时发现了该情况，立即采取停机、落进水口闸门、落尾水闸门、引水钢管和蜗壳消压的应急措施，射水情况得到控制。

图 5-1 压力钢管射水图

二、检测与分析

（一）外观检查

蜗壳消压后，打开蜗壳人孔门后进入检查，确定了裂纹的具体位置（见图 5-2、图 5-3）。裂纹起始于蜗壳人孔的方形耳孔左下角直角处，从蜗壳人孔门轴销方形耳洞左下角逆水流方向向上游延伸约 300mm（Ⅰ区），沿门轴方形耳洞外壁径向延伸约 105mm（Ⅱ区）。

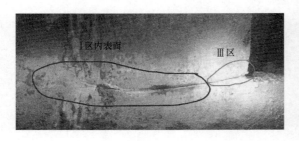

图 5-2 压力钢管内壁裂纹延伸图

图 5-3 压力钢管外壁裂纹图

（二）焊缝检测

对门轴挡板的缺陷清理过程中发现诸多焊接缺陷（见图 5-4），缺陷呈线状，部分缺陷内有腐蚀产物，对照设计图纸可初步判断缺陷为各钢板之间的间隙或者未焊透缺陷。缺陷可以分为以下几种。

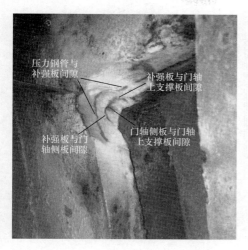

图 5-4　人孔门门轴耳孔缺陷

（1）压力钢管与补强板之间的间隙。根据设计图纸，补强环的环宽度为 270mm，补强环与压力钢管之间只在补强环的边缘进行了焊接固定，补强环与压力钢管并没有全部焊接（见图 5-5），因此在打磨过程中露出了压力钢管与补强环之间的间隙。

（2）补强板与门轴侧板的未焊透缺陷。根据设计图纸，门轴侧板焊接在补强环上。因焊接过程中没有开坡口（见图 5-5），导致门轴侧板未焊透，因此在打磨过程中露出了门轴侧板与补强环之间的间隙。

（3）补强环与门轴上支撑板之间的未焊透缺陷。根据现场焊接情况，推测门轴上支撑板与补强环之间亦没有焊透，在打磨过程中露出了间隙。

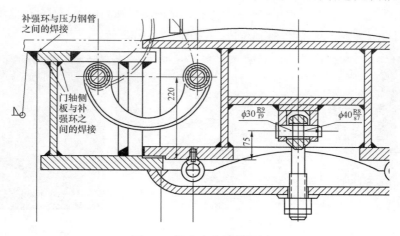

图 5-5　蜗壳人孔门俯视图

（4）门轴侧板与门轴上支撑板之间的间隙。根据设计图纸（见图 5-6），两者焊接时没有开坡口，导致焊接过程中也出现未焊透。

参照 DL/T 869—2004《火力发电厂焊接技术规程》，板厚超过 20mm 后，至少应执行单面开坡口的工艺，因此本人孔门各钢板的焊接不符合标准要求。

（三）结构分析

从压力钢管内壁裂纹的延伸方向可以判断，裂纹始于方形耳孔的直角处，该处为应力集中部位。压力钢管人孔门衬板为补强板，压力钢管在人孔门开口后，强度降低，需要采取补强板对人孔门结构进行补强。而对于补强板，不宜再在其上面开孔，否则会削弱补强效果。本钢管同时在补强板和压力钢管上开方形耳孔，降低了局部强度，导致方形耳孔周边钢板实际承载应

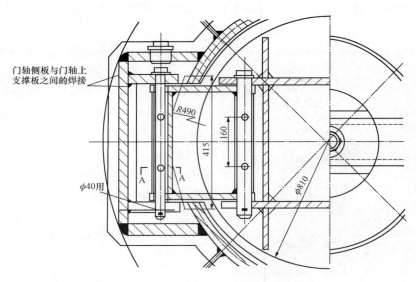

图 5-6　蜗壳人孔门正视图

力高于人孔门其余部位。此外，方形耳孔开孔质量差，方孔的形式导致方孔直角处的应力明显集中，从局部强度以及局部应力分布来看，方孔都是极不合理的形式。对其他同型号机组的压力钢管人孔门进行排查，发现存在相似问题（见图 5-7、图 5-8）。

图 5-7　焊缝清理区域

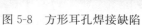

图 5-8　方形耳孔焊接缺陷

三、结论及处理措施

（一）结论

压力钢管萌生裂纹主要有以下两方面的原因。

（1）蜗壳人孔结构不合理。在补强圈上开方形耳孔，既降低了补强圈的补强效果，又造成了应力集中。局部应力过高导致裂纹在未焊透缺陷部位萌生并扩展。

（2）焊接质量不良。门轴侧板与加强板焊缝，以及门轴侧板与门轴上支撑板焊缝不符合标准要求，存在未焊透缺陷。

（二）处理措施

（1）临时处理措施。对压力钢管裂纹进行修复；在方形耳孔处焊接加强钢板，达到局部补强的效果。

（2）永久处理措施：对人孔门进行整体改造，拆解门体、更换门座。彻底清除未焊透缺陷。

案例 5-1-2　固定导叶罕见大面积裂纹分析及处理

一、故障简述

（一）6号机组固定导叶裂纹分布

某水电厂6号机组于2015年12月份进行投产后的首次大修，大修期间对流道进行检查时发现固定导叶存在明显裂纹，裂纹主要位于固定导叶与座环上、下环板的圆弧过渡处，如图5-9所示。

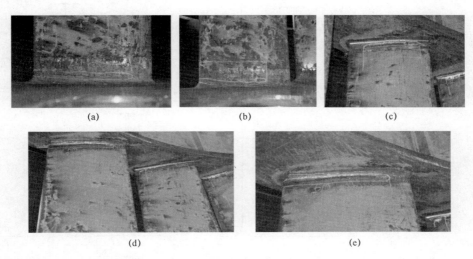

图 5-9　6号机组固定导叶裂纹表面抛光后照片

对表面打磨后的6号机组固定导叶进行检查，发现24块固定导叶中有20块出现不同程度的裂纹，裂纹率高达83.3%。固定导叶裂纹特征见表5-1，裂纹统计见表5-2。

表 5-1　　　　　　　　　　　　6号机组固定导叶裂纹特征示意图及汇总表

导叶编号	裂纹特征示意图
2	

导叶编号	裂纹特征示意图
	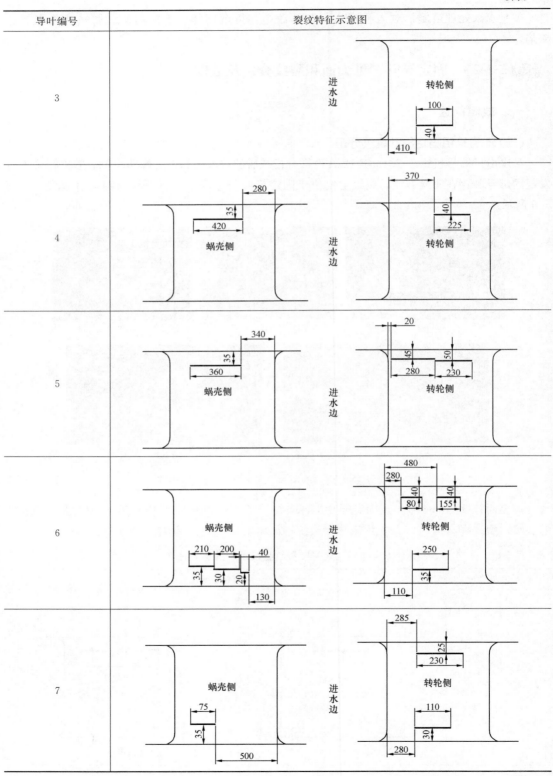

续表

导叶编号	裂纹特征示意图
8	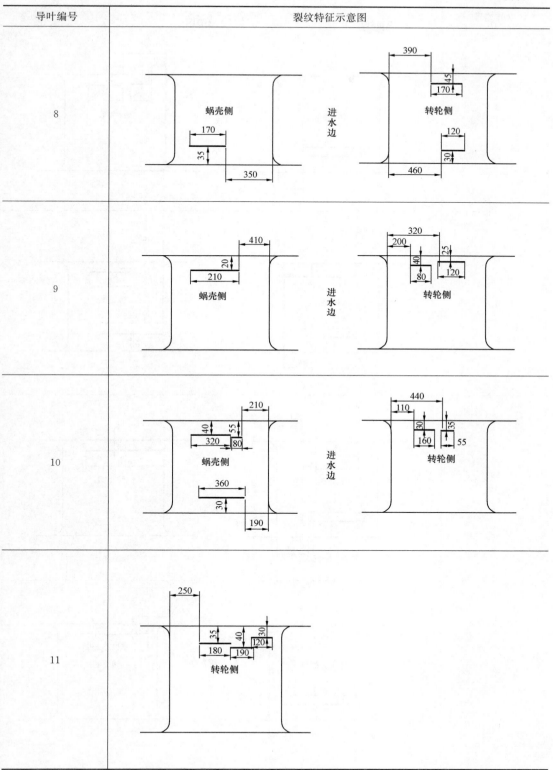
9	
10	
11	

导叶编号	裂纹特征示意图
14	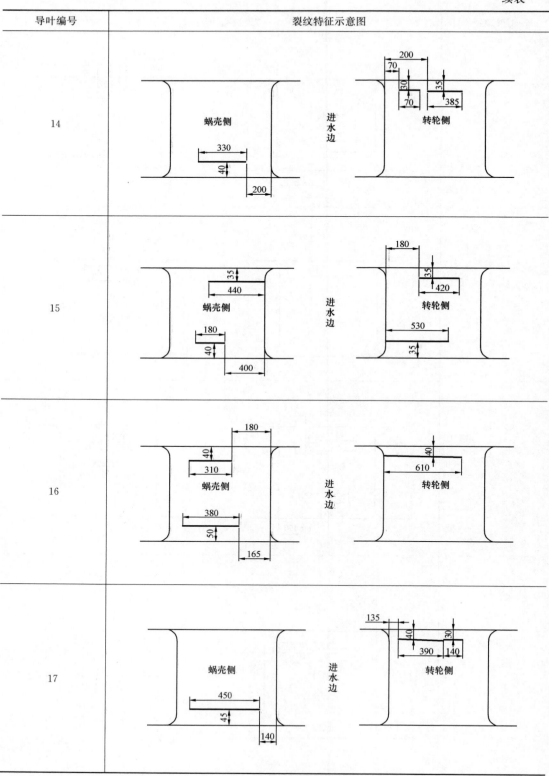
15	
16	
17	

导叶编号	裂纹特征示意图
18	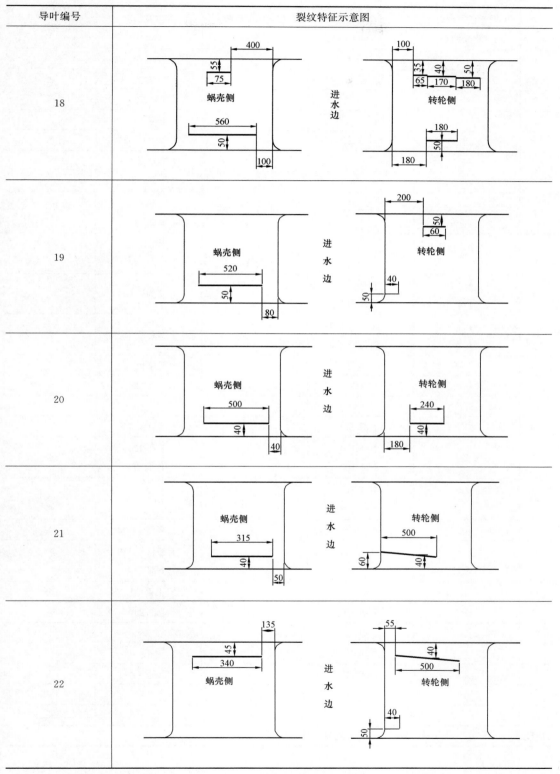
19	
20	
21	
22	

表 5-2   **6 号机组固定导叶裂纹现场记录汇总表**

编号	背水面裂纹数（蜗壳侧）	部位及长度（mm）	迎水面裂纹数（转轮侧）	部位及长度（mm）	是否贯穿
1	—	—	—	—	—
2	1	上部 480	4	上部总长 450	否
3	—	—	1	下部 100	—
4	1	上部 420	1	上部 225	否
5	1	上部 360	2	上部总长 510	否
6	3	下部总长 450	上 2 下 1	上部总长 235 下部 250	否
7	1	下部 75	上 1 下 1	上部 230 下部 110	否
8	1	下部 170	上 1 下 1	上部 170 下部 120	否
9	上 1 下 1	上部 210 下部 310	2	上部总长 200	否
10	上 2 下 2	上部总长 400 下部总长 270	2	上部总长 215	否
11	—	—	3	上部总长 490	否
12	—	—	1	上部 20	—
13	—	—	—	—	—
14	1	下部 330	2	上部总长 455	否
15	2	上部 440 下部 180	2	上部 420 下部 530	否
16	2	上部 310 下部 380	1	上部 610	是
17	1	下部 450	2	上部总长 530	否
18	上 1 下 1	上部 75 下部 560	上 3 下 1	上部总长 410 下部 180	否
19	1	下部 520	1	上部 60	否
20	1	下部 500	1	下部 240	否
21	2	上部 65、下部 315	1	下部 500	否
22	1	上部 340	1	上部 500	否
23	—	—	—	—	—
24	—	—	—	—	—
统计	共发现裂纹 136 条，总长度 15.28m				

（二）5 号机组固定导叶裂纹分布

2016 年 4 月 9 日，鉴于 6 号机组固定导叶裂纹率高的问题，在 6 号机组固定导叶裂纹处理完毕开机运行后，为确保机组安全度汛，电厂随即对 5 号机组（同型号机组）进行了流道消压检查。2016 年 4 月 18 日，检查发现 5 号机组固定导叶裂纹缺陷也比较严重，裂纹内部及周边锈迹明显。裂纹现场检查照片如图 5-10 所示，各固定导叶裂纹特征见表 5-3，裂纹统计见表 5-4。

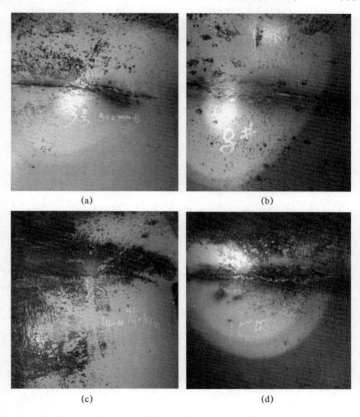

图 5-10　5 号机组固定导叶裂纹原始照片

表 5-3　　　　　　　　　　　　5 号机组固定导叶裂纹特征示意图及汇总表

导叶编号	裂纹特征示意图
3	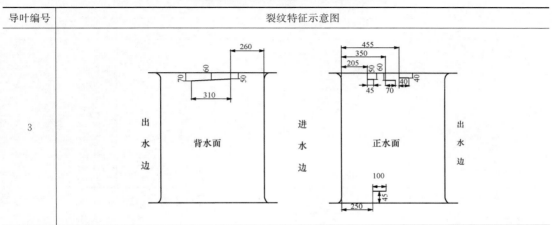

导叶编号	裂纹特征示意图
4	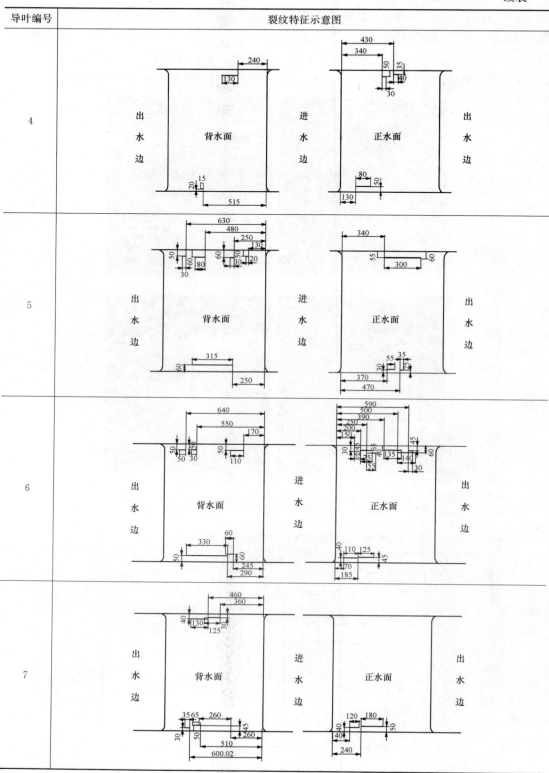
5	
6	
7	

导叶编号	裂纹特征示意图
8	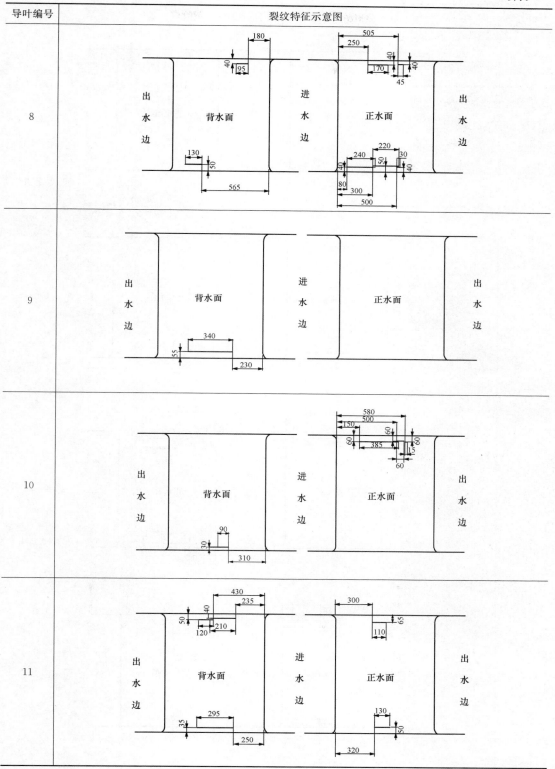
9	
10	
11	

续表

导叶编号	裂纹特征示意图
12	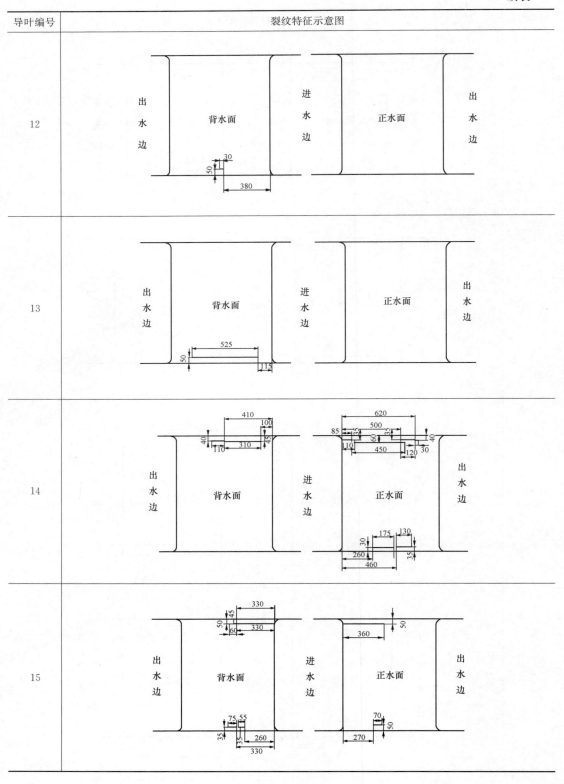
13	
14	
15	

导叶编号	裂纹特征示意图

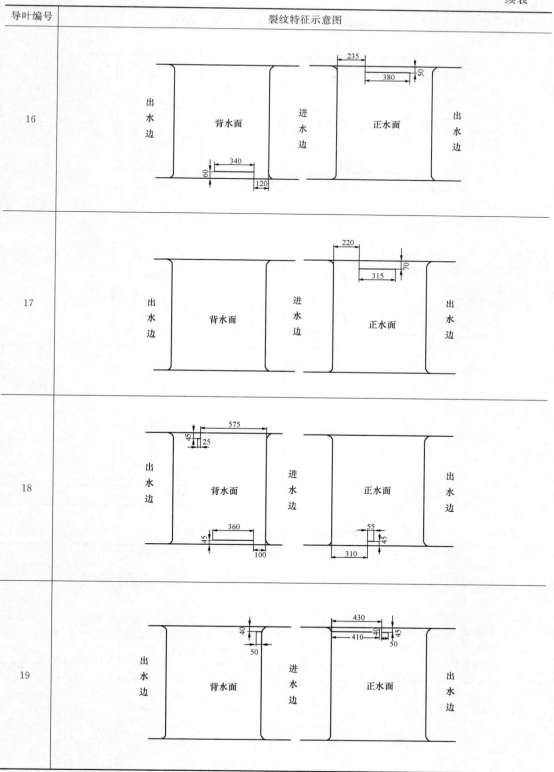

导叶编号	裂纹特征示意图
20	
21	
22	

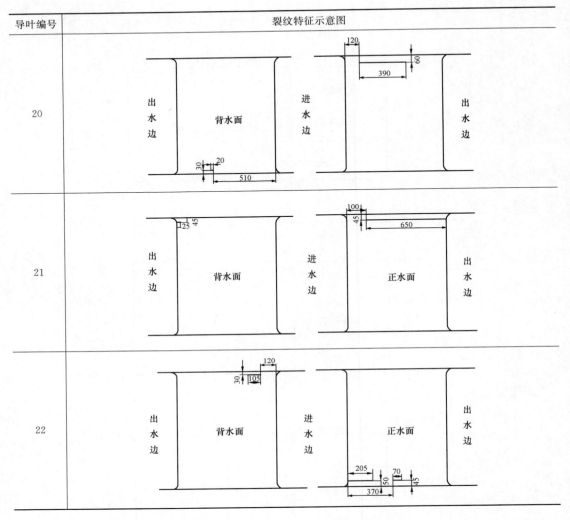

表 5-4　　　　　　　　　　　5 号机组固定导叶裂纹现场记录汇总表

编号	正水面		背水面	
	裂纹数	裂纹长度（mm）	裂纹数	裂纹长度（mm）
1	上	—	上	—
	下	—	下	—
2	上	—	上	—
	下	—	下	—
3	上 3	75、40、45	上 1	310
	下 1	100	下	—
4	上 2	40、30	上 1	130
	下 1	80	下 1	15
5	上 4	300、10、10、10	上 6	20、30、80、30、5、5
	下 2	55、35	下 1	315
6	上 6	135、140、30、55、75、55	上 3	110、50、30
	下 2	110、125	下 2	330、60

编号	正水面		背水面	
	裂纹数	裂纹长度（mm）	裂纹数	裂纹长度（mm）
7	上	—	上 3	10、125、130
	下 2	120、180	下 3	35、65、260
8	上 2	170、45	上 1	95
	下 3	240、220、30	下 1	130
9	上 2	10、10	上	—
	下		下 1	340
10	上 3	325、60、15	上	—
	下	—	下 1	90
11	上 2	110、5	上 2	120、210
	下 1	130	下 1	295
12	上 4	10、10、10、10	上 6	10、10、10、10、10、10
	下	—	下 5	30、5、5、5、5
13	上		上	
	下		下 1	525
14	上 4	110、450、120、30	上 2	100、310
	下 2	175、130	下 1	10
15	上 1	360	上 2	60、330
	下 3	70、10、10	下 2	75、55
16	上 1	380	上	
	下	—	下 3	340、10、10
17	上 1	315	上	—
	下		下	
18	上		上 1	25
	下 1	55	下 1	360
19	上 2	410、50	上 1	50
	下		下	
20	上 1	390	上 1	5
	下		下 1	20
21	上 1	440	上 1	25
	下		下	—
22	上		上 1	105
	下 2	205、70	下	
23	上		上	
	下		下	
24	上		上	
	下		下	
总计	共发现裂纹 116 条，总长 13000mm			

对该水电厂 5 号和 6 号机组（均为 200MW）固定导叶的裂纹情况进行统计，分析裂纹的分布规律。200MW 机组共有固定导叶 24 片，其尺寸从 1 号～24 号存在一定差异。按照尺寸和结构差异将 24 片固定导叶分为 5 组，如表 5-5 所示。

表 5-5　　　　某水电厂 200MW 机组固定导叶分组

组号	固定导叶编号	备　注
第一组	1～8、24	宽 789.32mm，最厚处 115.62mm，高度 1620mm

续表

组号	固定导叶编号	备　注
第二组	9～12	外观尺寸与第一组相同，但内置直径60mm排水孔
第三组	13～19	宽727.82mm，最厚处101.73mm，高度1620mm
第四组	20～22	宽597.64mm，最厚处83.31mm，高度1620mm
第五组	23	宽538.76mm，最厚处73.87mm，高度1620mm

该水电厂5号和6号机组均未开裂的固定导叶为1、23、24号，即两台机组舌板附近的固定导叶未开裂。

按照分组情况进行裂纹统计，结果列于表5-6和表5-7中。两台机组第三组、第四组固定导叶裂纹情况相对严重，主要分布在蜗壳135°～315°范围，6号机组固定导叶裂纹情况较5号机组严重。

表 5-6　　　　　　　　　　　6 号机组裂纹分组统计情况

编号	背水面				迎水面			
	上部		下部		上部		下部	
	裂纹长度 (mm)	比例 (%)	裂纹长度 (mm)	比例 (%)	裂纹长度 (mm)	比例 (%)	裂纹长度 (mm)	比例 (%)
第一组	1260	17.74	695	9.78	1820	25.62	580	8.16
第二组	610	19.32	580	18.37	925	29.30	0	0.00
第三组	825	16.19	2420	**47.50**	2485	**48.78**	710	13.94
第四组	405	22.59	815	**45.46**	500	27.89	740	**41.27**
第五组	0	0	0	0	0	0	0	0
总计	3100	—	4510	—	5730	—	2030	—

表 5-7　　　　　　　　　　　5 号机组裂纹分组统计情况

编号	背水面				迎水面			
	上部		下部		上部		下部	
	裂纹长度 (mm)	比例 (%)	裂纹长度 (mm)	比例 (%)	裂纹长度 (mm)	比例 (%)	裂纹长度 (mm)	比例 (%)
第一组	1265	17.81	1295	18.23	1160	16.33	1210	17.03
第二组	575	18.21	130	4.12	390	12.35	775	24.55
第三组	2225	**43.67**	450	8.83	875	17.17	1385	27.18
第四组	830	**46.29**	275	15.34	135	7.53	20	1.12
第五组	0	0	0	0	0	0	0	0
总计	4895	17.81	2150	18.23	2560	16.33	3390	17.03

二、检测与分析

(一)理化分析

1. 断口形貌及裂纹周边组织分析

对6号机组21号固定导叶进行了取样分析（21号导叶迎水面的裂纹一直延伸到导叶的头

部，便于取样），如图 5-11 所示。现场测量，裂纹距座环的高度约为 60mm，断口的宏观形貌平整，断口附近无塑性变形，断口已腐蚀，局部形貌如图 5-12 所示。

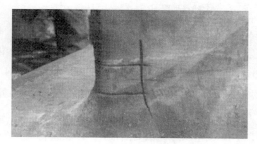

图 5-11　断口宏观形貌

裂纹萌生位置：裂纹在导叶内部的尖端形貌如图 5-13 所示，尖端较窄；裂纹在导叶外表面的裂纹根部如图 5-14 所示，根部较宽。表明裂纹由外表面向内萌生。通过与母材的金相组织（图 5-15）对比可知，该裂纹周边组织为铁素体＋珠光体，并不是典型的焊缝组织，表明裂纹的开裂部位并不是焊缝，而是母材。

图 5-12　断口宏观形貌

图 5-13　导叶内部裂纹尖端（100×）

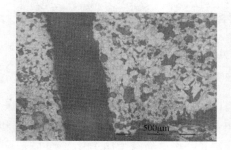

图 5-14　裂纹根部（100×）

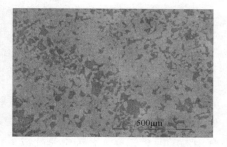

图 5-15　导叶的母材组织（100×）

2. 化学成分分析

导叶材质如表 5-8 所示，符合 GB/T 1591—2008《低合金高强度结构钢》要求。

表 5-8　　　　　　　　　　固定导叶化学成分分析（质量分数/％）

元素	标准要求	实际成分
C	≤0.2	0.147
Si	≤0.5	0.390
Mn	≤1.7	1.51
P	≤0.030	0.0141
S	≤0.030	0.0018

3. 裂纹位置

按照设计图纸，在进水边，焊缝坡口距离座环的最大距离为 30mm，而取样的 21 号导叶裂纹与座环的距离约为 60mm，因此该裂纹并没有位于焊缝或者热影响区。根据 5 号机组固定导叶裂纹与座环距离的统计可知，其裂纹与座环的距离通常为 30～60mm。根据导叶焊接坡口设计图，导叶中部为焊缝坡口最大处，最大处坡口宽度约 54mm，即坡口边缘距离座环的高度约为 54mm。因此可以断定，在导叶宽度方向中部的裂纹基本位于焊缝或者热影响区，而在导叶边部（进水边或者出水边）的裂纹位于母材上，这也进一步说明裂纹的位置与焊缝无关。

（二）固定导叶试验测试

1. 模态试验

采用单点激励法对固定导叶进行模态试验（见图 5-16），以获取固定导叶固有频率、振型，为分析裂纹的产生原因提供依据。

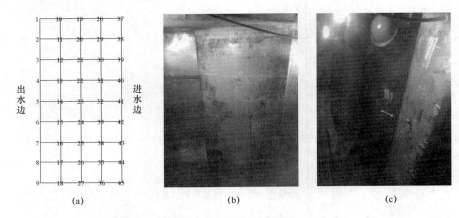

图 5-16　模态试验准备

(a) 网格图；(b) 现场网格划分；(c) 信号测试

对 6 号机组奇数号固定导叶进行了模态试验，试验所得两台机组各固定导叶前三阶模态振型相同，如图 5-17 所示。前两阶模态对固定导叶振动影响最显著。表 5-9 列出了 6 号机组固定导叶在空气中的前两阶频率，各固定导叶第 I 和第 II 阶频率如图 5-18 和图 5-19 所示。

表 5-9　　　　　　　　　　　　固定导叶空气中固有频率（Hz）

导叶编号		1	3	5	7	9	11
5 号机组	第 1 阶	186.96	187.45	186.17	187.20	189.93	190.23
	第 2 阶	332.84	333.86	334.17	333.24	334.56	334.87
6 号机组	第 1 阶	186.41	187.99	186.99	186.66	188.76	190.57
	第 2 阶	335.59	337.00	334.18	338.71	334.37	336.08
导叶编号		13	15	17	19	21	23
5 号机组	第 1 阶	170.76	170.52	167.85	172.40	145.72	133.75
	第 2 阶	319.22	318.49	312.23	319.10	307.94	309.52
6 号机组	第 1 阶	169.65	169.70	169.07	169.01	150.19	130.56
	第 2 阶	317.51	314.87	316.87	316.90	305.36	307.09

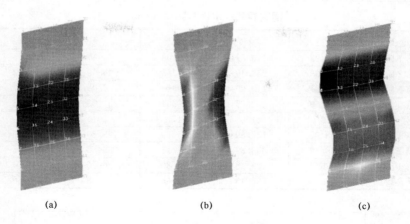

图 5-17　固定导叶前三阶振型

（a）两节点弯曲；（b）弯扭；（c）三节点弯曲

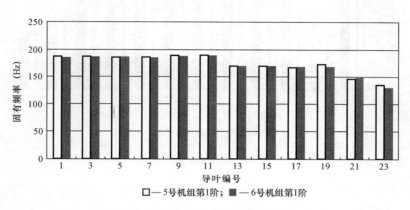

图 5-18　固定导叶空气中第 1 阶固有频率

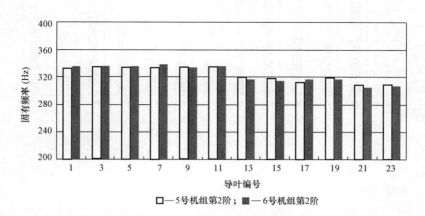

图 5-19　固定导叶空气中第 2 阶固有频率

　　参照相关文献，固定导叶在水中的固有频率按照在空气中固有频率的 25% 进行折减，最终获得固定导叶在水中的固有频率如表 5-10 所示，各固定导叶水中第 1 阶和第 2 阶固有频率分别如图 5-20 和图 5-21 所示。

表 5-10 固定导叶水中固有频率（Hz）

导叶编号		1	3	5	7	9	11
5 号机组	第 1 阶	140.22	140.59	139.63	140.40	142.45	142.67
	第 2 阶	249.63	250.40	250.63	249.93	250.92	251.15
6 号机组	第 1 阶	139.81	140.99	140.24	140.00	141.57	142.93
	第 2 阶	251.69	252.75	250.64	254.03	250.78	252.06
导叶编号		13	15	17	19	21	23
5 号机组	第 1 阶	128.07	127.89	125.89	129.30	109.29	100.31
	第 2 阶	239.42	238.87	234.17	239.33	230.96	232.14
6 号机组	第 1 阶	127.24	127.28	126.80	126.76	112.64	97.92
	第 2 阶	238.13	236.15	237.65	237.68	229.02	230.32

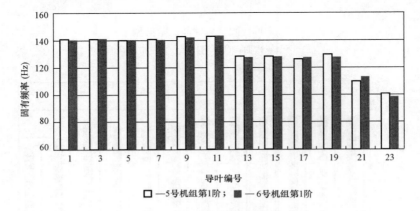

图 5-20　固定导叶水中第 1 阶固有频率

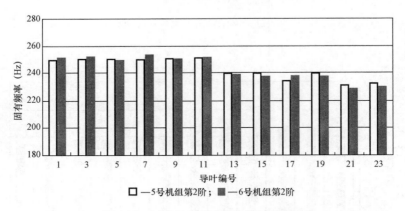

图 5-21　固定导叶水中第 2 阶固有频率

2. 动应力试验

通过在固定导叶上粘贴电阻应变片（见图 5-22），测试固定导叶在机组运行工况下的动态应力，分析固定导叶的动态应力状态，为分析固定导叶裂纹产生原因提供依据。根据固定导叶裂纹状态，选择 1、5、16、18 号固定导叶进行试验，各固定导叶测点布置如图 5-23 所示。

试验时，为确保测点工作有效性，防止水流冲刷损坏测点，机组开机机组负荷直接调整为 200MW，然后通过减负荷方式进行工况调整，每个工况点稳定 3 分钟左右，记录各测点数据，动应力随机组功率变化趋势如图 5-24～图 5-27 所示。

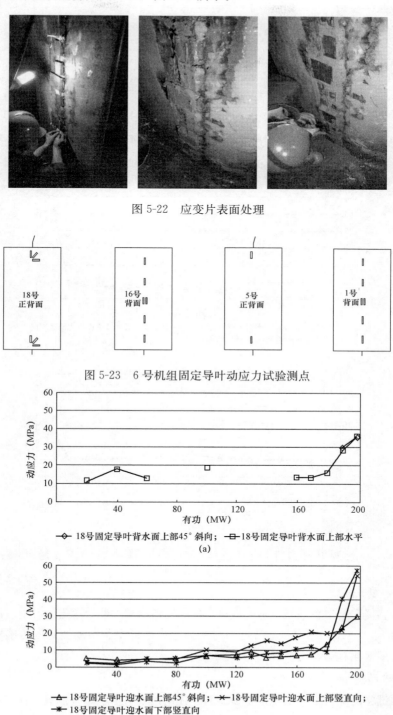

图 5-22　应变片表面处理

图 5-23　6 号机组固定导叶动应力试验测点

───◇─── 18号固定导叶背水面上部45°斜向；───□─── 18号固定导叶背水面上部水平

(a)

───△─── 18号固定导叶迎水面上部45°斜向；───✕─── 18号固定导叶迎水面上部竖直向；
───✳─── 18号固定导叶迎水面下部竖直向

(b)

图 5-24　6 号机组 18 号固定导叶动应力随机组功率变化趋势

（a）背水面；（b）迎水面

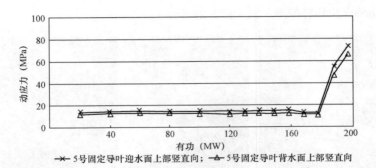

图 5-25　6 号机组 5 号固定导叶动应力随机组功率变化趋势

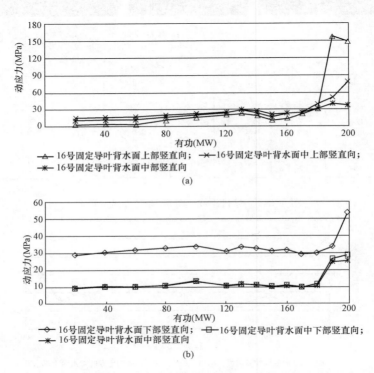

图 5-26　6 号机组 16 号固定导叶动应力随机组功率变化趋势

（a）背水面；（b）迎水面

3. 振动响应试验

受现场传感器安装位置限制，不能直接将加速度传感器安装于固定导叶上。因此，在进行动应力测试的 1、5、16、18 号固定导叶对应的顶盖处就近安装振动加速度传感器，各测点加速度随机组功率变化趋势如图 5-28～图 5-30 所示。

4. 水压脉动试验

水压脉动试验的准备工作主要是将顶盖测压孔用钢管引至水车室走道，并安装水压脉动传感器。

水力因素是引发固定导叶振动的为主要激振源，对 6 号机组固定导叶附近进行水压脉动测试，测压孔位于 1、5 号固定导叶处，如图 5-31 所示。

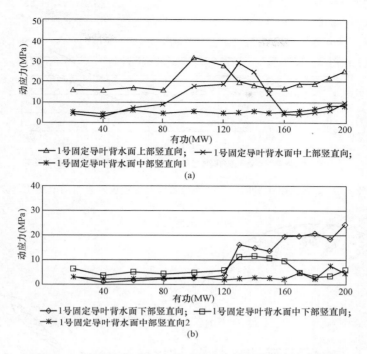

(a)

(b)

图 5-27　6 号机组 1 号固定导叶动应力随机组功率变化趋势

（a）背水面；（b）迎水面

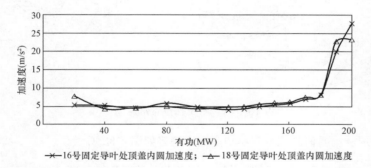

图 5-28　6 号机组 16 号与 18 号固定导叶处顶盖振动加速度随机组功率变化趋势

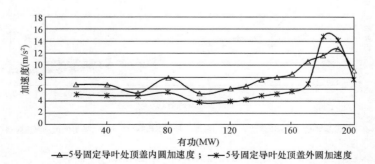

图 5-29　6 号机组 5 号固定导叶处顶盖振动加速度随机组功率变化趋势

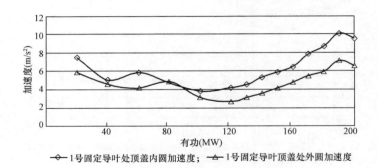

图 5-30　6 号机组 1 号固定导叶处顶盖振动加速度随机组功率变化趋势

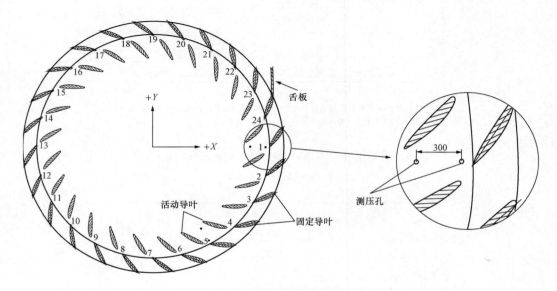

图 5-31　测压孔位置示意图

6 号机组水压脉动幅值随机组有功功率变化趋势如图 5-32 所示。

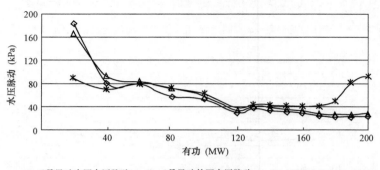

图 5-32　水压脉动幅值随机组有功功率变化趋势

5. 试验结果分析

（1）模态分析。

6 号机组固定导叶按照结构尺寸分为 5 组（表 5-5），测算各机组固定导叶在水中的固有频率（表 5-11），各组固有频率均值如表 5-11 和图 5-33 所示。

表 5-11　　　　　　　　　　　　固定导叶各分组固有频率（Hz）

组号	导叶编号	第一阶			第二阶		
		最小	最大	平均	最小	最大	平均
第一组	1～8、24	139.63	140.99	140.24	249.63	254.03	251.21
第二组	9～12	141.57	142.93	142.39	250.78	252.06	251.23
第三组	13～19	125.89	129.30	127.40	234.17	239.42	237.68
第四组	20～22	109.29	112.64	110.97	229.02	230.96	229.99
第五组	23	97.92	100.31	99.12	230.32	232.14	231.23

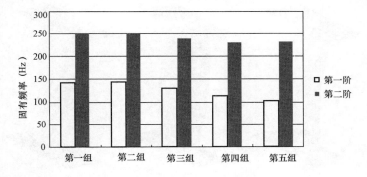

图 5-33　固定导叶各分组固有频率

试验结果表明，修复后 6 号机组固定导叶与修复前 5 号机组固定导叶的固有频率无明显差异，第一阶固有频率最大差值为 21 号固定导叶，固有频率绝对差值为 3.35Hz，相对差值 2.97％；第二阶固有频率最大差值为 7 号固定导叶，固有频率绝对差值为 4.1Hz，相对差值 1.61％。

为进一步分析各阶模态下固定导叶的受力情况，对第三组固定导叶进行了有限元计算模态分析。模型范围为单个固定导叶及上下环板，上下环板取弹性约束，材料参数按照 Q345B 选用，在有水工况下采用附加质量法模拟水体作用，附加质量按照 0.8MPa 水压力取用。

此处分析，主要提取了固定导叶在空气中和有水工况条件下的前三阶模态频率和振型，模态分析模型及网格如图 5-34 所示，计算固有频率如表 5-12 所示，各阶振型如图 5-35 所示，各阶振型下应力分布如图 5-36 所示。

计算获得的导叶在空气中的固有频率与模态试验获得的固有频率接近；有水工况时除第一阶固有频率计算值与实测推算值接近外，第二阶、第三节固有频率计算值与实测推算值存在较大差异。前三阶计算振型与实测振型一致，分别为：两节点弯曲（"弦振"）、弯扭、三节点弯曲。

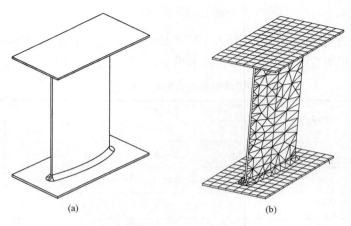

图 5-34　固定导叶模型及网格

（a）模型；（b）有限元网格

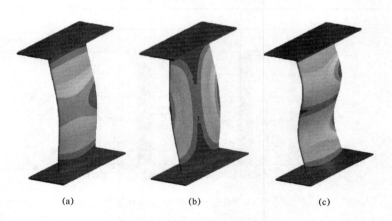

图 5-35　固定导叶前三阶振型

（a）第一阶；（b）第二阶；（c）第三阶

表 5-12　　　　　　　　　　　　固定导叶模态计算结果（Hz）

阶次	空气中		有水	
	计算值	实测值	计算值	实测推算值
1	166.91	170.52	123.83	127.40
2	305.77	318.49	295.48	237.68
3	435.76	438.12	394.05	328.51

　　由模态计算结果获得的各阶振型下固定导叶应力分布图可知（见图 5-36）：第一阶振型下，固定导叶最大应力分布于固定导叶上下端倒角起坡点与导叶竖直段结合处，呈线状水平分布，偏导叶进水边，应力以竖直向为主；第二阶振型下，固定导叶应力最大处位于固定导叶上下端倒角起坡点与导叶竖直段结合处的进水边与出水边以及 1/4 高度处固定导叶宽度中部，呈点状

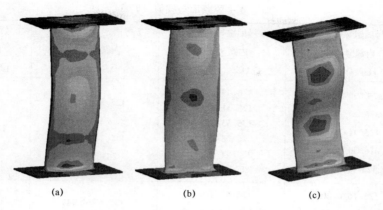

图 5-36　固定导叶前三阶振型应力分布

(a) 第一阶；(b) 第二阶；(c) 第三阶

分布；第三阶振型下，固定导叶应力最大处位于固定导叶 1/3 高度处，并处于固定导叶宽度中部，呈点状分布。

（2）频率分析。

试验测得动应力的最大幅值为 157.31MPa，应力幅值小于材料的静力强度并有一定裕度。但对于承受动应力的结构，除了静力强度外还有一个更为重要的指标—疲劳强度（疲劳性能）。结构的疲劳强度与外力作用次数反相关。在此主要对动应力、振动响应、水压脉动频率进行分析，整理得出各代表性测点的 200、190、180、170MW 工况下主要频率和幅值，如表 5-13～表 5-15 所示。

表 5-13　动应力主要频率与幅值（f/A）

工况	18 号迎水面上部竖直向（Hz/MPa）	16 号固定导叶背水面上部（Hz/MPa）	5 号固定导叶迎水面上部（Hz/MPa）	1 号固定导叶背水面上部（Hz/MPa）
200MW	**125.31/42.75，** 250.63/9.28， 375.63/1.85	**125.94/86.61，** **125.47/44.08**	**125.47/36.14，** 95.78/3.07， 251.09/2.48	71.25/6.58， 85.62/0.16， **125.31/0.15**
190 MW	**125.31/10.42，** **250.31/3.02**	**125.94/65.52，** **125.47/23.14**	**125.47/25.18，** 50.16/3.96	71.72/5.45
180 MW	71.72/1.80	**125.78/1.90，** 95.78/0.49	50.16/5.03， 95.78/2.27， 150.31/1.19	71.72/6.13
170 MW	71.72/1.39	95.78/0.39， 50.16/0.31	50.16/5.34， 95.78/2.70， 150.31/1.45	71.72/5.43

表 5-14 加速度主要频率与幅值 (f/A)

工况	16 号固定导叶处顶盖内圆竖直向 [Hz/ (m/s²)]	18 号固定导叶处顶盖内圆竖直向 [Hz/ (m/s²)]	5 号固定导叶处顶盖内圆竖直向 [Hz/ (m/s²)]	1 号固定导叶处顶盖内圆竖直向 [Hz/ (m/s²)]
200MW	375.78/12.86，376.09/6.42，**125.31/3.20**，376.56/2.32，**125.63/2.09**	376.09/6.80，**125.31/3.44**，**125.63/3.34**，375.78/3.02，250.94/2.77，250.47/1.21	**125.31/1.59**，250.47/0.30，110.16/0.28，376.09/0.28	375.78/0.80，**125.31/0.35**，**125.63/0.22**，376.09/0.19，250.47/0.16
190 MW	**125.16/6.20**，**125.63/2.51**，250.31/2.00，375.94/1.95，250.78/1.74，376.41/1.59，109.84/1.35	**125.63/4.94**，250.78/4.46，**125.16/3.87**，251.25/2.19，376.41/2.04，375.63/2.01，109.84/1.31	**125.63/0.24**，**125.16/0.21**，111.09/0.20，109.84/0.16，375.94/0.10，250.31/0.09	375.63/0.22，376.41/0.20，109.84/0.17，**125.63/0.15**，219.69/0.12，250.78/0.12
180 MW	109.38/0.64，244.38/0.49	109.38/0.50，263.13/0.42	110.63/0.33，240.00/0.14	276.88/0.11，110.63/0.08，676.88/0.11
170 MW	237.50/0.38，463.13/0.21	263.75/0.42，222.50/0.31	255.00/0.15，258.13/0.14	272.50/0.15，464.30/0.10

表 5-15 水压脉动主要频率与幅值 (f/A)

工况	1 号导叶外圆水压脉动 (Hz/kPa)	1 号导叶内圆水压脉动 (Hz/kPa)	5 号导叶内圆水压脉动 (Hz/kPa)
200MW	51.41/7.65, 202.50/2.48, **125.31/1.90**, 306.41/1.25, 110.31/1.03	27.03/3.07, **125.31/2.08**, 44.84/1.34, 110.31/1.05, 54.22/0.97, 375.70/0.94	27.03/3.07, **125.31/2.50**, 54.22/1.96, 110.31/0.68
190 MW	51.72/8.22, 109.84/2.55, 199.69/2.44, **125.16/2.22**, 304.53/1.07	27.03/3.47, **125.16/2.21**, 109.84/2.19, 45.78/1.47, 54.22/1.12	27.03/3.68, **125.16/2.61**, 54.22/1.37, 47.97/0.89, 109.84/0.74
180 MW	53.75/6.04, 48.75/5.46, 51.25/4.16, 304.38/3.07, 109.38/2.11, 201.25/2.01, 199.38/1.91, 438.75/1.59	26.87/4.69, 41.87/2.38, 44.37/1.91, 110.63/1.82, 179.38/0.82	26.87/4.49, 46.25/3.19, 48.75/2.25, 110.63/1.80
170 MW	51.87/5.59, 49.37/5.35, 301.88/2.76, 201.25/1.20, 444.38/0.91	26.87/5.32, 44.37/3.53, 180.63/0.91, 335.63/0.67	26.87/4.93, 44.37/2.82, 200.00/1.61

　　在机组负荷为 190、200MW 工况条件下，出现裂纹固定导叶的动应力、振动加速度均呈现高频大幅值特征。18、16、5 号固定导叶在 200、190MW 工况下的动应力主频均为 125.5Hz 左右，其他工况无 125.5Hz 左右的频率成分；1 号固定导叶在 200、190MW 工况下的动应力主频为 71.25Hz，主要频率中包含有 125.31Hz，其他工况无 125.5Hz 左右的频率成分。

　　在 200、190MW 工况条件下，固定导叶处的顶盖振动加速度主要频率中均包含 125.31、125.63Hz，其他工况无 125Hz 左右的频率成分。在 200、190MW 工况条件下，固定导叶附近的水压脉动测点主要频率包含 125.16、125.31Hz。

三、结论及处理措施

（一）结论

　　结合固定导叶裂纹情况、现场试验和结构计算，得出的初步结论如下。

　　（1）固定导叶产生裂纹的主要原因：水力激振频率与固定导叶第一阶固有频率重合引起结构共振。该水电厂 5、6 号机组在高负荷大流量工况下，高频水力激振频率与固定导叶第一阶频率重合，激振能量足够，达到"频率共振"条件，使固定导叶产生高频"弓状弦振"（见图 5-37），引起固定导叶在该振型下高应力分布区的疲劳损伤，造成固定导叶两侧上、下端开裂。

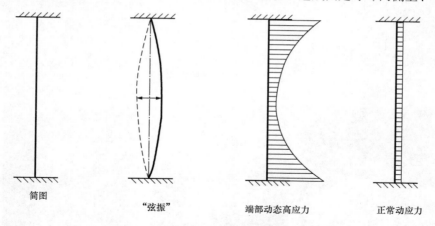

| 简图 | "弦振" | 端部动态高应力 | 正常动应力 |

图 5-37　固定导叶"弓状弦振"变形与应力分布

　　（2）固定导叶裂纹的差异性：该水电厂 200MW 机组的 24 个固定导叶按结构尺寸可分为 5 组，各组别固定导叶的固有频率存在一定差异，水力激振与固定导叶固有频率重合程度不同，造成了各固定导叶裂纹状况有一定差异性。同时固定导叶本身结构状态的差异、焊接质量的差异和水流沿座环圆周非均匀分布等因素，对固定导叶裂纹的差异性也有一定的影响。

　　（3）机组在固定导叶共振区运行，固定导叶开裂是难以避免的。要从根本上避免固定导叶开裂，应避免固定导叶出现频率共振。

（二）处理措施

　　从水力激振条件入手，改变水力激振频率或削弱特定频率的激振能量。高负荷区出现的 125Hz 左右的频率，极可能与固定导叶卡门涡、固定导叶进水边局部脱流有关，可采取的措施有：对固定导叶出水边进行局部修型、进水边修型，这需要进行 CFD 计算，必要时辅以模型试验。确保激振频率与固定导叶固有频率错频，且错频应至少达到 20% 以上。

根据卡门涡理论，卡门涡列的频率与流速、分离点尾迹宽度的关系见式（5-1）。

$$f_s = S_t \times W/d \qquad\qquad (5\text{-}1)$$

式中　f_s——卡门涡频率，Hz；

　　　W——流动分离点的平均速度，m/s；

　　　d——分离点尾迹的宽度，m。

现场决定采用减薄固定导叶出水边厚度，将出水边厚度由 16.1mm 延伸减薄至 3mm（图 5-38、图 5-39），以提高卡门涡列频率，达到错频的目的。

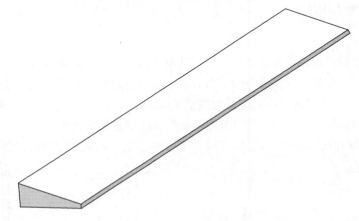

图 5-38　导叶尾翼图

图 5-39　导叶尾翼现场加装施工图

加装导叶尾翼后开展的实验如下。

1. 动应力实验

动应力实验结果表明：固定导叶出水边加装尾翼后，动应力值明显降低。处理前，最大达到 157MPa；处理后，最大动应力 12MPa（见图 5-40～图 5-43）。处理前，动应力存在明显的高频集中现象；处理后，无明显高频集中现象（见图 5-44）。

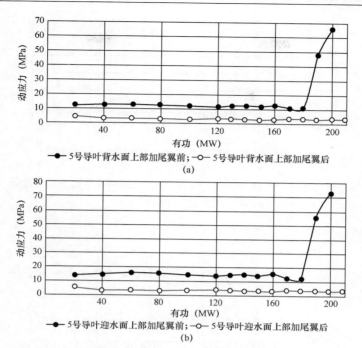

图 5-40 5 号固定导叶加装尾翼前后动应力随机组功率变化趋势对比图

（a）背水面上部；（b）迎水面上部

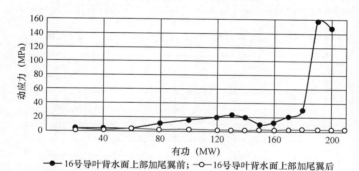

图 5-41 16 号固定导叶背水面上部加装尾翼前后动应力随机组功率变化趋势对比图

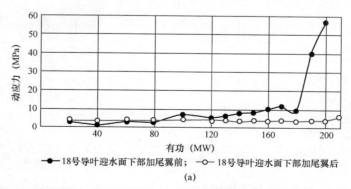

图 5-42 18 号固定导叶加装尾翼前后动应力随机组功率变化趋势对比图（一）

（a）迎水面下部

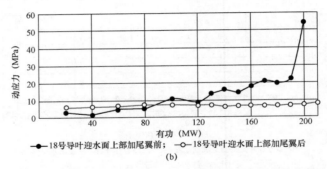

(b)

图 5-42　18 号固定导叶加装尾翼前后动应力随机组功率变化趋势对比图（二）

（b）迎水面上部

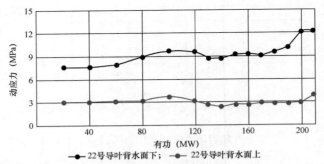

图 5-43　22 号固定导叶背水面下部加装尾翼前后实测最大动应力

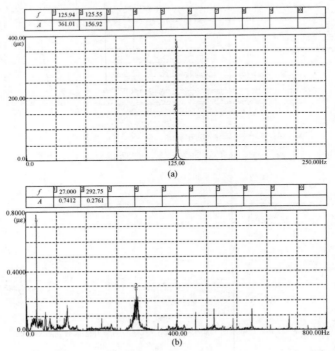

图 5-44　16 号固定导叶加装尾翼前后动应力频率特征（机组负荷 200MW）

（a）加装尾翼前；（b）加装尾翼后

2. 振动加速度实验

导叶加装尾翼后，振动加速度幅值在中高负荷段有显著降低（见图 5-45 和图 5-46）。该工况线处理前达到 3g，高频集中；处理后小于 1g，无高频集中（见图 5-47）。

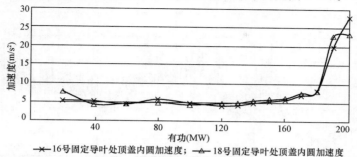

图 5-45　16 号固定导叶处顶盖振动加速度随机组功率变化趋势

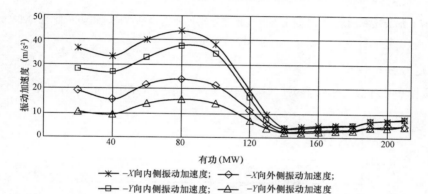

图 5-46　导叶加装尾翼后顶盖加速度随机组功率变化趋势

f	[1] 375.78	[2] 376.09	[3] 125.31	[4] 376.56	[5] 125.63	[6]	[7]	[8]	[9]	[10]
A	12.862	6.4180	3.1961	2.3168	2.0908					

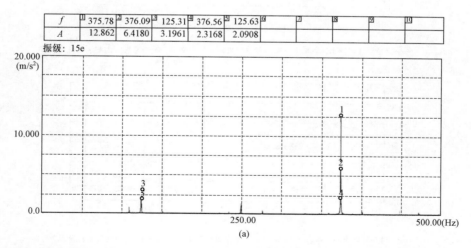

图 5-47　加装尾翼前后 16 号固定导叶处顶盖振动加速度频率特征（机组负荷 200MW）（一）

（a）加装尾翼前

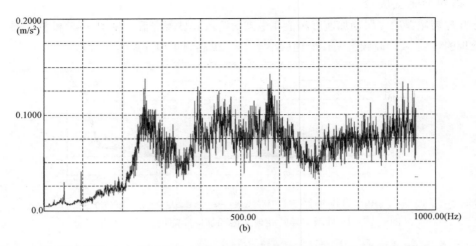

图 5-47　加装尾翼前后 16 号固定导叶处顶盖振动加速度频率特征（机组负荷 200MW）（二）

（b）加装尾翼后

3. 水压脉动实验

水力激振在处理前高频峰值突出，处理后无频率集中（见图 5-48、图 5-49）。

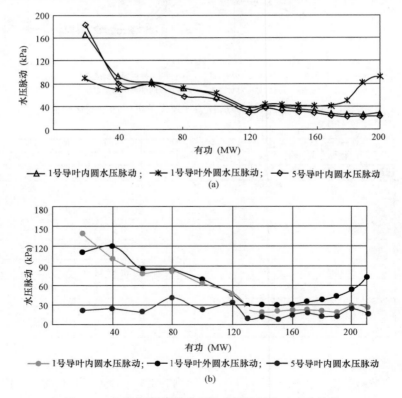

—△—1号导叶内圆水压脉动；—※—1号导叶外圆水压脉动；—◇—5号导叶内圆水压脉动

(a)

—●—1号导叶内圆水压脉动；—●—1号导叶外圆水压脉动；—●—5号导叶内圆水压脉动

(b)

图 5-48　加装尾翼前后水压脉动随机组有功变化趋势

（a）加装尾翼前；（b）加装尾翼后

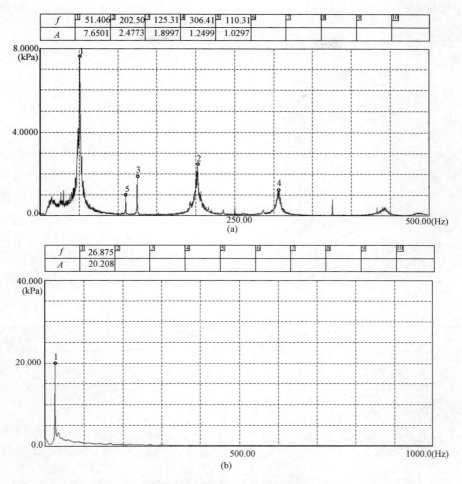

f	① 51.406	② 202.50	③ 125.31	④ 306.41	⑤ 110.31	⑥	⑦	⑧	⑨	⑩
A	7.6501	2.4773	1.8997	1.2499	1.0297					

f	① 26.875	②	③	④	⑤	⑥	⑦	⑧	⑨	⑩
A	20.208									

图 5-49　加装尾翼前后水压脉动频率特征（机组负荷 200MW）

(a) 加装尾翼前；(b) 加装尾翼后

4. 小结

（1）处理后，决定固定导叶裂纹的关键指标—动应力，达到优良水平，最大动应力 12MPa，无高频集中现象；处理前，最大达到 157MPa，高频集中明显。

（2）处理后，振动加速度幅值在中高负荷段有显著降低，在该工况处理前达到 3g，高频集中；处理后小于 1g，无高频集中。

（3）水力激振作用，在处理前高频峰值突出，处理后无频率集中。

（4）处理方案达到了错频目标，水力激振（卡门涡）与固定导叶频率共振风险消除。

案例 5-1-3　水轮发电机组尾水人孔裂纹

一、故障简述

某机组检修中对尾水人孔进行检查，发现尾水人孔加强衬板存在腐蚀、空蚀、焊缝开裂等

图 5-50　尾水人孔外部形貌

缺陷。对人孔加强衬板进行拆除后，检测发现尾水人孔四角存在裂纹。

二、检测与分析

该机组尾水人孔为方形孔，如图 5-50 所示。尾水人孔加强板空蚀严重，历次检修中对加强板空蚀严重区域开展过焊接修复工作，如图 5-51 所示。本次检测中发现尾水人孔衬板表面存在严重空蚀区域，长度达 150mm；原空蚀部位焊接修复后，在修复区域周边，又开始出现不同程度的空蚀，如图 5-52 所示。

对衬板与尾水管连接角焊缝进行检测，其中 1 个角焊缝空蚀严重，并发展成裂纹，裂纹长度约 50mm，加强板与尾水管开裂，如图 5-53 所示。

图 5-51　尾水人孔内部形貌

图 5-52　尾水人孔加强板表面及修复区域空蚀

将人孔加强拆除后，对尾水人孔进行检测，重点检查尾水人孔四角。四个直角中有三个直角检测出裂纹，其中尾水人孔左下角裂纹一条，长度约 30mm（见图 5-54）；人孔右下角裂纹一条，长度约 130mm（见图 5-55）。

对同类机组的尾水人孔进行排查，发现类似缺陷（见图 5-56）。

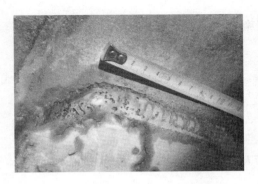

图 5-53　尾水人孔加强板与尾水管焊缝空蚀开裂

图 5-54　尾水人孔左下角裂纹

图 5-55　尾水人孔右下角裂纹

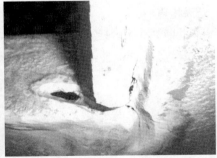

图 5-56　其他机组尾水人孔直角处裂纹

排查发现，裂纹主要集中在人孔四角。尾水人孔为方形孔，方形孔在直角处有明显应力集中，依据 GB/T 15468—2006《水轮机基本技术条件》4.2.1.17 条：尾水管上进人门采用方形进人门时，四角应倒圆。该尾水人孔四角为直角，未进行倒圆，不符合标准要求。

当机组运行工况不佳时，如机组处于振动区运行时，机组尾水管振动明显，尾水管包括尾水人孔处于交变载荷作用下。该机组投运于 1987 年，已运行 30 余年，长期交变应力作用于尾水人孔上，由于人孔四角为直角，相对于其他部位应力集中明显，长期交变载荷作用致使该处出现疲劳裂纹。

三、结论与处理措施

(一)结论

尾水人孔结构不合理,方形孔直角处没有倒圆,应力集中而形成裂纹。尾水管衬板空蚀严重,导致尾水管人孔衬板与尾水管焊缝开裂。

(二)处理措施

(1)结合检修对人孔四角进行倒圆处理,防止应力集中。

(2)整体更换尾水管人孔衬板,为避免在原焊缝位置进行焊接,新更换衬板面积应大于原衬板。

(3)对其他机组的尾水人孔尽快进行排查检测。

第二节 紧固件技术监督案例

案例 5-2-1 桨叶连接螺栓断裂分析

一、故障简述

某水力发电厂 2 号机组 4 号桨叶连杆与活塞缸连接螺栓在运行中发生断裂,螺栓材质标称为 35CrMo,规格为 M64×290。

二、检测及分析

(一)宏观检查

此次事故共断裂 3 个螺栓,其中两个断裂在螺栓头与螺杆过渡处,为典型应力集中处,另外一个断裂在螺纹处,如图 5-57 所示。断口形貌如图 5-58 所示。

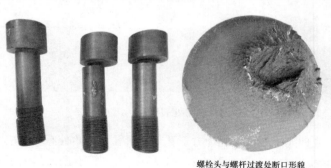

图 5-57 断裂螺栓

螺栓头与螺杆过渡处断口形貌   螺纹处断口形貌

图 5-58 螺栓断口形貌

(二)定量光谱分析

对所选取的断裂螺栓分别取样,磨平后进行定量光谱分析。由检测结果(表 5-16)可知,断裂螺栓的化学成分符合 GB/T 3077—2015《合金结构钢》要求。

表 5-16 　　　　　　　　　　　　　**断裂螺栓的化学成分**

元素	标准要求	1 号试样	2 号试样
C	0.32～0.40	0.343	0.330
Si	0.17～0.37	0.273	0.266
Mn	0.40～0.70	0.475	0.470
P	≤0.035	0.0155	0.0152
S	≤0.035	0.0126	0.0126
Cr	0.80～1.10	0.927	0.922
Mo	0.15～0.25	0.209	0.204
Cu	≤0.30	0.147	0.144

（三）力学性能试验

沿断裂螺栓纵向取样，进行室温拉伸试验。根据电厂提供的螺栓质量证明书，该批螺栓的抗拉强度可达 1045MPa，屈服强度可达 872MPa，断后伸长率可达 16.0%。本次检测的 4 根螺栓的抗拉强度为 746～780MPa，规定塑性延伸强度为 553～605MPa（见表 5-17），明显低于质量证明书所给数据。

表 5-17 　　　　　　　　　　　　　　**断裂螺栓力学性能**

编号	抗拉强度 R_m （MPa）	屈服强度 $R_{eL}/R_{p0.2}$ （MPa）	断裂总伸长率 A （%）	备注
1	762	572	23.9	质量证明文件中：$R_m \geq 1045MPa$；$R_{eL} \geq 872MPa$
	762	585	23.1	
	746	553	23.3	
2	771	589	20.2	
	780	605	21.8	
	765	595	22.2	

（四）硬度试验

在断裂螺栓头部取样，磨平后在 1/2 半径处进行布氏硬度试验，根据电厂提供的螺栓质量证明书，该批螺栓的硬度为 242～270HB，所检断裂螺栓的硬度分别为 244HBW 和 243HBW（表 5-18），符合要求。

表 5-18 　　　　　　　　　　　　　　**断裂螺栓硬度值**

序号	硬度值（HBW）						备注
	数值 1	数值 2	数值 3	数值 4	数值 5	平均值	
1	245	237	246	246	244	244	电厂提供的技术指标中，螺栓的布氏硬度范围为 242～270HB
2	236	244	248	239	250	243	

（五）金相试验

在断裂螺栓断口部位取样，进行金相试验。螺栓的金相组织为回火马氏体，组织粗大且不均匀，如图 5-59 所示。

图 5-59　桨叶连接螺栓断口金相组织

断裂螺栓的实测强度明显低于其质量证明书数据，表明螺栓强度低于其标称强度要求。金相组织检查表明螺栓的金相组织为粗大的马氏体组织，且有明显的取向，组织不均匀。高强螺栓为获得良好的综合力学性能，通常采用调质处理（淬火＋回火），当材料的原始组织不均或者回火温度不当时，就有可能造成调质处理后组织不均，以及马氏体组织粗大等问题。金相组织异常会显著降低螺栓的力学性能。

三、结论及处理措施

（一）结论

送检断裂螺栓的抗拉强度和规定塑性延伸强度低于其质量证明书数据，金相组织中存在粗大的马氏体组织，且组织不均匀。

（二）处理措施

（1）对同批次螺柱进行全部更换。

（2）加强对新购螺柱入厂把关检测，防止不合格螺栓投入运行。

（3）加强螺栓安装质量把控，要求设备厂家提供螺栓安装伸长值及螺栓安装工艺。

案例 5-2-2　甩水环把合螺栓断裂分析

一、故障简述

某水力发电厂送检螺栓 2 个，标称型号为 C3-80，规格为 M36×115，要求对螺栓进行理化检验。螺栓为甩水环把合螺栓，检修过程中发现其断裂。

二、检测与分析

（一）现场检查

断裂螺栓为甩水环把合螺栓，断口部位为螺栓头与螺杆连接部位根部，断口附近没有明显变形，呈现脆断特征。螺栓及螺栓断口已经锈蚀，且螺杆断口有一定磨损，螺栓断裂后机组仍运行有一定时间（见图 5-60～图 5-61）。

图 5-60　甩水环把合螺栓断裂现场

图 5-61　甩水环把合螺栓断口形貌

（二）定量光谱分析

对送检的 2 个螺栓分别取样，截面磨平后进行定量光谱试验。经检测，2 个螺栓的 C、Mn、Cr、Ni 元素含量不符合标准要求，如表 5-19 所示。

表 5-19　　　　　　　　　　　　　　送检螺栓成分

元素	标准要求	1 号试样	2 号试样
C	0.17～0.25	0.060	0.0630
Si	≤1	0.463	0.460
Mn	≤1	1.36	1.34
P	≤0.04	0.0363	0.0344
S	≤0.03	0.0114	0.0104
Cr	16～18	17.3	17.2
Ni	1.5～2.5	8.00	8.01

（三）硬度试验

在螺栓头部取样，磨平后在 1/2 半径处进行布氏硬度试验。所检 2 个螺栓的平均硬度值分别为 187HBW 和 184HBW（表 5-20），不符合标准要求。

表 5-20 送检螺栓硬度值

序号	硬度值						备注
	数值 1	数值 2	数值 3	数值 4	数值 5	平均值	
1	181	186	192	186	189	187	GB/T 3098.6—2010
2	183	183	185	183	185	184	要求：228～323HB

（四）力学性能试验

沿螺栓纵向取样，进行室温拉伸试验。所检 2 个新螺栓的平均抗拉强度分别为 676MPa、681MPa，规定塑性延伸强度分别为 337、339MPa，断后伸长率分别为 69%、68%（见表 5-21）。抗拉强度和规定塑性延伸强度不符合标准要求。

表 5-21 送检螺栓力学性能

编号	截面尺寸 （mm）	抗拉强度 （MPa）	规定塑性延伸强度 （MPa）	断裂总伸长率 A （%）	备注
1	5.02	681	340	72	$R_m \geqslant 800\text{MPa}$; $R_{p0.2} \geqslant 640\text{MPa}$; 断后伸长率 $\geqslant 0.2d\%$
	5.06	662	335	72	
	4.96	686	335	64	
2	5.02	674	334	68	
	4.98	681	338	68	
	4.98	689	346	68	

（五）金相组织检验

对螺栓的金相组织进行检查，螺栓的金相组织为奥氏体组织，如图 5-62 所示。根据标准要求，C3-80 螺栓金相组织应为马氏体，螺栓组织存在异常。

 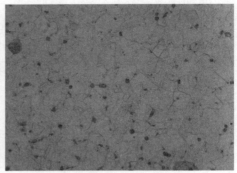

图 5-62 送检螺栓金相组织

三、结论与后续措施

（一）结论

所检螺栓标称型号为 C3-80，应为马氏体型不锈钢螺栓。而根据检测结果，所检螺栓为 Cr18Ni9 系列不锈钢材质，其抗拉强度、规定塑性延伸强度、硬度全部低于标准要求。

（二）处理措施

（1）对同批次螺栓全部进行更换。

（2）加强对新购螺栓，尤其是不锈钢螺栓的材质、强度检验，严格入厂把关检测，防止不合格螺栓投入运行。

案例 5-2-3　水导油槽把合螺栓断裂

一、故障简述

某水电厂双头螺柱运行过程中发生断裂，且断裂螺柱数量较多。送检的双头螺柱 5 根，其中 4 根断裂。螺柱材质标称为 45 号钢，规格为 M36×120，性能等级为 8.8 级。

二、检测与分析

（一）宏观检查

送检的双头螺柱宏观形貌如图 5-63（a）所示，5 根螺柱中 4 根断裂，均断在螺纹处。其中两根的断口形貌如图 5-63（b）所示，断口形貌为典型的疲劳弧线。疲劳弧线是金属疲劳断口最基本的宏观形貌特征，并且是判断其为疲劳断口的主要依据。断口没有明显的塑性变形，属于脆性断口。在一根典型疲劳断口的螺柱和一根未发生断裂的螺柱上取样，对其进行性能试验和原因分析。

（a）　　　　　　　　　　　　　　　　　　　（b）

图 5-63　送检螺柱

（a）宏观形貌；（b）断口形貌

（二）定量光谱分析

对所选取的断裂螺柱和未断螺柱分别取样，磨平后进行定量光谱分析。由检测结果（见表 5-22）可知螺栓材质符合标准要求。

表 5-22　　　　　　　　　　　　　　　　送检螺柱化学成分表

元素	标准要求	断裂螺栓	完好螺栓
C	0.25～0.55	0.425	0.400
Si	—	0.240	0.208
Mn	—	0.660	0.616
P	≤0.035	0.0138	0.0077
S	≤0.035	0.0162	0.0160

（三）硬度试验

在螺柱头部对断裂螺柱和未断螺柱取样，磨平后在 1/2 半径处进行布氏硬度试验。断裂螺柱和未断螺柱试样的硬度值分别为 220HB 和 211HB（表 5-23），均低于 GB/T 3098.1—2010《紧固件机械性能 螺栓螺钉和螺柱》标准中 250～331HB 的要求。

表 5-23 送检螺柱的硬度值

序号	硬度值（HB）						备注
	数值 1	数值 2	数值 3	数值 4	数值 5	平均值	
1	219	223	217	222	221	220.4	GB/T 3098.1 要求：
2	212	211	210	211	210	210.8	250～331HB

（四）力学性能试验

对断裂螺柱和未断螺柱分别沿纵向取样，进行室温拉伸试验。断裂螺柱和未断螺柱试样的抗拉强度分别为 747MPa 和 677MPa，屈服强度分别为 492MPa 和 387MPa，断后伸长率均为 21.0%（表 5-24）。其抗拉强度和屈服强度均低于 GB/T 3098.1—2010《紧固件机械性能 螺栓、螺钉和螺柱》标准中对 8.8 级螺栓的要求，但其断后伸长率符合要求。

表 5-24 送检螺柱的力学性能表

编号	抗拉强度（MPa）	屈服强度（MPa）	断后伸长率 A（%）	备注
1	759	502	22.0	GB/T 3098.1 要求：
	733	482	19.0	$R_m \geqslant 800MPa$；
	748	492	22.5	$R_{p0.2} \geqslant 640MPa$；
2	678	391	18.0	$A \geqslant 12\%$
	661	365	24.5	
	691	404	20.0	

（五）金相试验

对断裂螺柱在断裂位置取样，未断螺柱在头部取样，抛光腐蚀后进行金相检验。断裂螺柱和未断螺柱试样的外边缘组织和芯部组织均为珠光体＋铁素体，铁素体呈白色网状、针状和块状分布，未发现马氏体或索氏体等其他类型的组织，如图 5-64 所示。

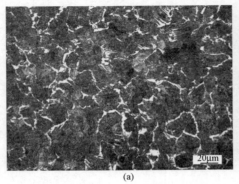

(a) (b)

图 5-64　断裂螺栓

（a）完好螺栓；（b）金相组织

根据技术要求，高强度螺栓都要进行调质处理，调质是淬火＋高温回火的双重热处理，其目的是使工件具有良好的综合机械性能。中碳钢调质淬火时，要求工件整个截面淬透，使工件得到以细针状淬火马氏体为主的显微组织。然后通过高温回火，得到以均匀回火索氏体为主的显微组织。

送检螺柱的金相组织为珠光体＋铁素体，未发现马氏体或索氏体等其他类型的组织，其金相组织不符合45号钢调质后组织要求；同时其硬度值、抗拉强度和屈服强度均低于标准要求，也说明了螺柱未进行调质处理。因此，送检的螺柱主要是由于没有进行调质处理，导致螺柱的强度、硬度偏低，达不到8.8级高强螺栓的性能要求，从而发生断裂。

螺柱断口可观察到明显的疲劳弧线，为典型的疲劳断口形貌。断裂部位均位于螺纹位置，这是由于螺纹处为应力集中部位，易导致裂纹萌生。螺柱在运行过程中，由于螺柱强度及硬度偏低，疲劳强度较低，同时受到水导油槽振动的影响，在应力集中处发生疲劳断裂。

三、结论及处理措施

（一）结论

螺柱断裂的原因主要是由于没有进行调质处理，导致其强度、硬度及金相组织不符合要求，从而发生疲劳断裂。

（二）处理措施

（1）对同批次螺柱进行更换。

（2）对承受动载荷螺柱进行全面检测，发现问题及时更换处理。

（3）对新购螺柱进行严格入厂把关检测，防止不合格螺栓投入运行。

案例 5-2-4　转子拉紧螺栓断裂

一、故障简述

某机组 A 级检修，在对重要螺栓进行 100% 超声波检查时，发现 96 号转子磁轭拉紧螺栓在距上端部 74mm 丝扣部位出现缺陷回波。在使用行车对螺栓拔出过程中，缺陷部位发生断裂。另外，262 号转子磁轭拉紧螺栓无底波反射，也一并拆出更换。该机组转子磁轭拉紧螺栓共计 352 根，规格分为 M42×2295mm、M42×2252mm 两种，标称材质均为 15 号冷拉圆钢，20 世纪 60 年代制造，服役过程中一直未更换。

二、检测与分析

为分析此次磁轭拉紧螺栓断裂的原因，全面掌握机组磁轭拉紧螺栓的质量状况，对磁轭拉紧螺栓抽样进行了相关试验，取样螺栓及编号如表 5-25 所示。

表 5-25　　　　　　　　　　　　取样螺栓编号对照表

序号	安装位置编号	试样特征	备注
1	96 号	断裂	—
2	262 号	无底波	—
3	97 号	完好	靠近断裂螺栓
4	14 号	完好	远离断裂螺栓

（一）宏观检查

经测量，96 号转子磁轭拉紧螺栓断口距上端面距离约为 74mm，整个断口较为平整、光亮，但断面非常粗糙，无塑性变形，呈现出典型的脆性断裂特征，如图 5-65 所示。

图 5-65　96 号转子磁轭拉紧螺栓断口

（二）化学成分分析

为确认螺栓材质，对螺栓化学成分进行定量分析，检测结果如表 5-26 所示，符合 GB/T 699—1999《优质碳素结构钢》标准要求。

表 5-26　　　　　　　　　　　　　　化学成分（Wt%）

项目	C	S	P	Mn	Si
标准要求	0.12～0.18	≤0.035	≤0.035	0.35～0.65	0.17～0.37
试样	0.18	0.020	0.017	0.49	0.284

（三）机械性能试验

1. 拉伸性能试验

对取样螺栓分 3 段进行拉伸试验，试验结果如表 5-27 所示。从该表可知，96 号螺栓抗拉

表 5-27　　　　　　　　　　　　　　取样螺栓力学性能

编号	屈服强度 （MPa）	抗拉强度 （MPa）	断后伸长率 A （%）	备注
96 号	234	382	35.6	GB/T 3078—2008《优质结构钢冷拉钢材技术条件》标准要求 $R_m \geqslant$ 470MPa、$A \geqslant 8\%$
	232	379	35.2	
	226	374	36.1	
262 号	352	560	17.5	
	352	562	16.5	
	344	554	17.8	
97 号	363	571	19.3	
	354	567	20.2	
	353	557	20.0	
14 号	353	569	25.9	
	346	568	25.7	
	357	571	26.2	

强度低于 GB/T 3078—2008《优质结构钢冷拉钢材技术条件》标准要求；其他四根螺栓抗拉强度符合 GB/T 3078—2008 标准要求；所有取样螺栓断后伸长率均符合 GB/T 3078—2008 标准要求。

2. 冲击性能试验

为确认螺栓冲击韧度，明确材料在冲击载荷作用下抵抗变形和断裂的能力，对取样螺栓进行冲击试验。冲击试样分别取自螺纹和光杆部位，试验结果如表 5-28 所示。从该表可知，所有螺栓在螺纹、光杆部位的冲击试验结果偏差很小，可以排除韧度差的可能。

表 5-28　　　　　　　　　　　　　　取样螺栓冲击性能

编号	检验部位	冲击值（J）			
		实测值 1	实测值 2	实测值 3	平均值
96 号	螺纹	7.0	7.9	5.6	6.8
	光杆	4.7	4.0	4.5	4.4
262 号	螺纹	3.2	3.2	3.2	3.2
	光杆	3.5	3.5	3.5	3.5
97 号	螺纹	6.5	5.0	4.2	5.2
	光杆	5.9	4.2	4.0	4.7
14 号	螺纹	5.0	4.2	4.5	4.6
	光杆	5.0	7.2	4.9	5.7

（四）硬度试验

硬度试验结果如表 5-29 所示。由该表可知，所有螺栓硬度均符合 GB/T 3078—2008 标准要求，但除 96 号螺栓硬度值偏低外，其余所有螺栓硬度基本一致。

表 5-29　　　　　　　　　　　　　　取样螺栓硬度试验

编号	硬度值（HB）				备注
	数值 1	数值 2	数值 3	平均值	
96 号	125	127	131	128	GB/T 3078—2008《优质结构钢冷拉钢材技术条件》要求硬度值≤229HB
262 号	170	167	169	169	
97 号	180	181	181	181	
14 号	180	178	179	179	

（五）金相试验

取螺栓的横截面进行金相检查，5 根螺栓的金相组织皆为铁素体＋珠光体，组织合格，如图 5-66 与图 5-67 所示。

（六）安装质量审查

该厂 2 号机组磁轭拉紧螺杆采用 15 号钢，其屈服强度保证值约为 225MPa。根据 GB/T 15468—2006《水轮机基本技术条件》，当螺栓存在明确的安装预紧力或者伸长值时，应按照安装要求进行安装；在螺栓安装无明确预紧力要求的情况下，螺栓的预紧力不得超过螺栓屈服强度的 7/8，螺栓的载荷不应小于连接部分设计载荷的 2 倍。那么磁轭拉紧螺杆的预紧力≤196MPa。根据螺栓的弹性应力应变关系：

$$\sigma = E \cdot \varepsilon \tag{5-2}$$

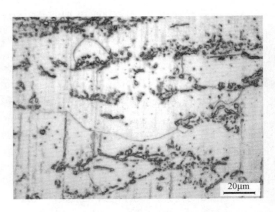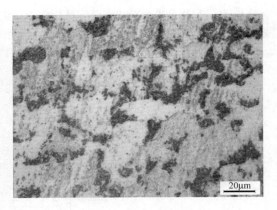

图 5-66 96 号金相组织：铁素体＋珠光体   图 5-67 262 号金相组织：铁素体＋珠光体

经查询，15 号圆钢的弹性模量约为 210GPa，那么螺杆伸长值的上限为：

$$\Delta L = \frac{196 \times 2252}{210 \times 1000} = 2.1(\text{mm})$$

该厂 2 号机组磁轭拉紧螺栓拧紧过程中，将螺栓的伸长值控制在 1.7mm 左右，那么对应的预紧力约为 159MPa。该预紧力低于 7/8 的屈服强度，且预紧力较高，高于 2 倍工作载荷。

三、结论及处理措施

（一）结论

综上所述，该厂 2 号机组 96 号转子磁轭拉紧螺栓抗拉强度低于标准要求，是发生脆性断裂的根本原因。从原材料熔炼到圆钢，最后加工成螺栓，工序繁多复杂，任何一种工序（如温度、工艺、加工态等）控制不当，都有可能影响材质的性能，造成抗拉强度偏低。

（二）处理措施

（1）对断裂螺栓进行更换，对新采购螺栓抽样进行理化检验。

（2）加强安装工艺监督，确保螺栓安装预紧力符合标准要求。

（3）扩大检验分析范围，对同批次螺栓进行 100％ 无损检测。

案例 5-2-5 水轮机与大轴联轴螺栓断裂

一、故障简述

某电厂 2 号机组运行过程中发现调速器回油箱油位低，机组振动较大，确认转轮与大轴联接螺栓断裂导致大轴法兰与轮毂结合面漏油，立即开展主轴密封支架解体检查，发现主轴密封支架解体分瓣，发现大轴联接螺栓（共 12 个）断裂 8 颗，螺栓规格为 M100×6×345，强度等级为 10.9 级，标称材质为 35CrMo。

二、检测与分析

（一）现场宏观检查

断裂螺栓编号为 5、6、7、8、9、10、11、12 号，其中 5、7、8、9、10、11、12 号共 7

颗螺栓断裂位置为螺栓头与螺杆的过渡倒角处，6 号螺栓断裂位置为大轴法兰与轮毂结合面处。水电厂送 3 颗断裂螺栓进行检验，断口光滑、无颈缩，为典型的脆性断口，如图 5-68 所示；螺栓垫片表面粗糙有凹槽，如图 5-69 所示。

图 5-68　送检断裂螺栓形貌　　　　　图 5-69　螺栓垫片表面
粗糙有凹槽

（二）理化性能检测

1. 定量光谱分析

对送检的 3 个螺栓分别取样，截面磨平后进行定量光谱分析。经检测，3 个螺栓的化学成分符合标准要求，如表 5-30 所示。

表 5-30　　　　　　　　　　　　送检螺栓化学成分表

元素	标准要求（%）	1 号试样（%）	2 号试样（%）	3 号试样（%）
C	0.32~0.40	0.34	0.35	0.35
Si	0.17~0.37	0.36	0.44	0.28
Mn	0.40~0.70	0.48	0.48	0.52
Cr	0.80~1.10	0.90	0.91	0.99
Mo	0.15~0.25	0.18	0.16	0.17

2. 硬度试验

每个螺栓在近表面、半径 1/2 处、芯部分别取样进行硬度试验。送检的 3 个螺栓硬度符合电厂提供的技术资料要求，其近表面硬度为 HBW255~266，芯部硬度为 HBW236~244，每个螺栓的近表面硬度都稍高于芯部硬度，如表 5-31 所示。根据制造厂家提供的螺栓检测报告可知，螺栓的布氏硬度为大于等于 HB230，所取试样的中芯部硬度都低于制造厂家的技术资料要求。（哈尔滨电机厂标准 No 0EA.640.619《联轴螺栓类锻件技术条件》，要求该类螺栓硬度大于等于 HBW260，中芯部硬度不合格）。

3. 强度试验

每个螺栓在近表面、半径 1/2 处、芯部分别纵向取样进行室温拉伸试验。每个螺栓取样 3 根，共取样 9 根，试样的平均抗拉强度为 761~834MPa，如表 5-32 所示。根据制造厂家提供的螺栓检测报告可知，螺栓的抗拉强度大于等于 882MPa，所取试样的抗拉强度都低于电厂的技术资料要求。（哈尔滨电机厂标准 No 0EA.640.619《联轴螺栓类锻件技术条件》，要求该类螺栓抗拉强度大于等于 850MPa，结果同样不合格）。

表 5-31   送检螺栓硬度值

序号	硬度值（HBW）						备注
	数值1	数值2	数值3	数值4	数值5	平均值	
1	262	269	265	267	262	265	
	232	235	238	240	235	236	
	235	240	243	239	242	240	
2	263	264	270	265	267	266	硬度值≥HBW230
	259	257	260	253	255	257	
	241	244	248	245	243	244	
3	257	255	259	251	254	255	
	245	244	238	239	240	241	
	234	239	234	236	237	236	

表 5-32   送检螺栓的力学性能

编号	抗拉强度 R_m (MPa)	断后伸长率 A (%)	备注
1	805	21.3	
	757	18.8	
	761	20.0	
2	793	21.3	电厂提供的技术资料：$R_m \geqslant$ 882MPa；$R_{p0.2} \geqslant$ 735MPa；A $\geqslant 11\%$
	769	22.5	
	768	18.0	
3	834	22.5	
	829	21.3	
	810	22.5	

4. 冲击试验

每个螺栓在近表面、半径 1/2 处、芯部分别纵向取样进行室温冲击试验。螺栓的冲击韧性符合电厂的技术资料要求，如表 5-33 所示。

表 5-33   送检螺栓的冲击性能

序号	冲击值（J）				备注
	实测值1	实测值2	实测值3	平均值	
1	108.5	97	88.5	98	
2	91	81	85	85.7	≥74.5J
3	93	89.5	82.5	88.3	

5. 金相试验

所检 3 个螺栓的金相组织相似，全部为回火马氏体＋铁素体组织。1、2 号螺栓的金相组织在径向上存在差异，从螺栓表面到芯部，金相组织中铁素体含量逐渐增加，如图 5-70～图 5-75 所示；3 号螺栓的金相组织均匀，从螺栓表面到芯部的组织较为一致，如图 5-76～图 5-78 所示。

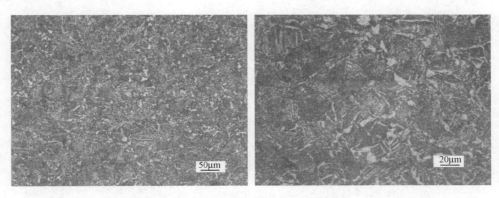

图 5-70 1 号螺栓的近表层金相组织

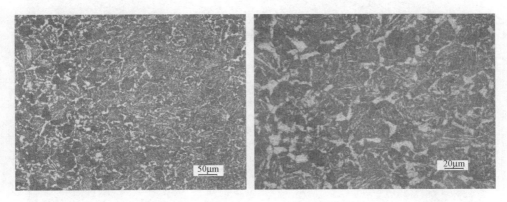

图 5-71 1 号螺栓 1/2 半径处的金相组织

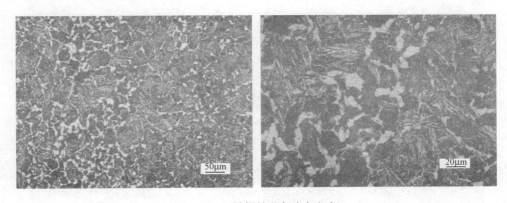

图 5-72 1 号螺栓芯部金相组织

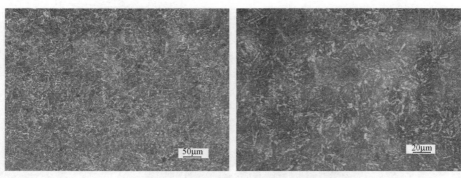

图 5-73　2 号螺栓近表层金相组织

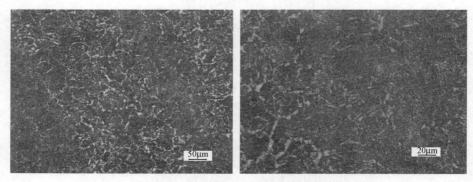

图 5-74　2 号螺栓 1/2 半径处金相组织

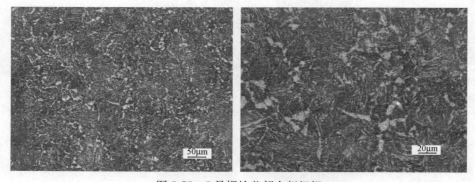

图 5-75　2 号螺栓芯部金相组织

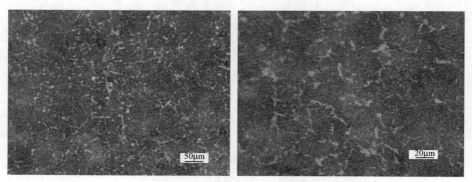

图 5-76　3 号螺栓近表层金相组织

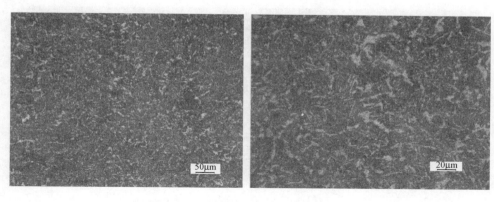

图 5-77　3 号螺栓 1/2 半径处金相组织

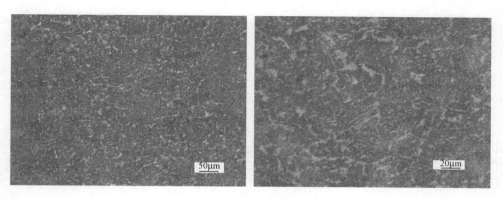

图 5-78　3 号螺栓芯部金相组织

6. 扫描电镜分析

将螺栓断口清洗后进行扫描电镜观察。由于螺栓断口锈蚀严重，其微观形貌已经被破坏，成分检测也只能检测到螺栓的腐蚀产物。因此，对冲击试样断口进行形貌观察及分析，如图 5-79～图 5-81 所示。从图中可观察到韧窝花样，为韧性断裂的典型特征，这与螺栓的冲击韧性测试结果相一致。

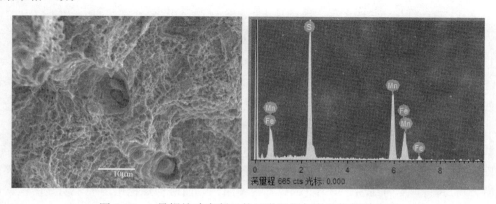

图 5-79　1 号螺栓冲击断口的显微组织与夹杂物能谱分析

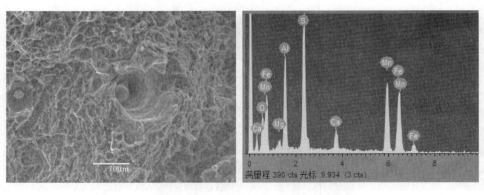

图 5-80　2 号螺栓冲击断口的显微组织与夹杂物能谱分析

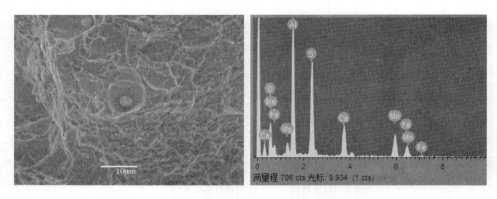

图 5-81　3 号螺栓冲击断口的显微组织与夹杂物能谱分析

断口显微组织中还可观察到明显的夹杂，在夹杂处存在明显的显微孔洞。夹杂物主要分为两类，一类为硫化锰夹杂，另一类为钙铝镁盐类夹杂，其化学成分如图 5-79～图 5-81 中的能谱分析结果所示。

（三）分析与讨论

断裂螺栓共 8 根，其中 7 根断口位于螺栓头根部过渡部位，为明显的应力集中部位；螺栓断口平整，无明显塑性变形，呈现脆性断裂特征。下面从制造、设计、安装等方面进行分析。

1. 螺栓的质量

针对螺栓开展了材质、硬度、强度、韧性、显微组织等方面的理化分析，结果表明螺栓的强度低于电厂技术资料要求。电厂技术资料中螺栓的抗拉强度 $R_m \geqslant 882MPa$，而实测抗拉强度在 757～834MPa，低于技术资料要求。从金相组织观察，3 根螺栓的金相组织均为回火马氏体＋铁素体，1 号、2 号螺栓金相组织中的铁素体含量从螺栓表面往芯部逐渐增加，且高于 3 号螺栓，并呈现网状特征。高强螺栓为获得良好的综合力学性能，通常采用调质处理（淬火＋高温回火），其组织应为细小、均匀的回火马氏体组织，而所检螺栓中出现了明显的铁素体组织，且从螺栓表面往芯部逐渐增加，应该是螺栓在淬火过程中没有淬透，大轴与转轮连接螺栓的直径为 100mm，淬火过程中芯部冷却速度慢，易形成铁素体。网状铁素体的存在，破坏基体的连续性，降低螺栓强度，1 号、2 号螺栓的抗拉强度低于 3 号螺栓，也印证了这一点。从冲击试验断口检测情况看，螺栓内部存在硫化锰夹杂以及钙铝镁盐类夹杂。当螺栓承受的载荷达到一定程度时，夹杂与金属界面由于应力集中会撕裂，显微孔洞在此聚集，并不断长大扩展成裂纹源，并最终导致螺栓的断裂。

2. 螺栓的安装

大轴与转轮的连接螺栓承载着整个转轮的重量。为确保螺栓连接的可靠性，对螺栓的预紧力有严格要求。预紧力过小，不能保证连接的严密和牢固；预紧力过大，有可能引起螺栓本身的塑性变形。为保证螺栓的正确安装，设备厂家一般都会提供联轴螺栓以及大轴与转轮连接螺栓的安装伸长值。由于螺栓在安装过程中处于弹性阶段，螺栓的安装伸长值与安装预紧力成正比，因此可以通过安装伸长值来表征安装预紧力。

机组设备厂家提供的原 35 号锻钢大轴与转轮联轴螺栓的安装伸长值为 0.299mm，螺栓材质更换为 35CrMo 后厂家修改单中未提供新螺栓的安装伸长值。35CrMo 钢的弹性模量约为 210GPa，若以安装伸长值为 0.299mm 计算，则螺栓预紧力约为 182MPa。现场查询检修报告，电厂在螺栓安装中没有对安装伸长值进行检测。在现场调查中，螺栓的安装垫片表面粗糙。螺栓在安装紧固过程中，垫片表面粗糙会影响螺栓安装预紧力，且螺栓安装过程中没有对螺栓的安装伸长值进行检测，导致螺栓安装预紧力没有得到有效控制，螺栓安装不规范。

三、结论及处理措施

（一）结论

大轴与转轮连接螺栓断裂的主要原因为：①螺栓质量不合格，螺栓的抗拉强度不符合有关技术资料要求；②螺栓安装预紧力没有得到有效控制，螺栓实际安装伸长值不明。设备厂家未提供螺栓伸长值控制标准，螺栓垫片的凹槽和粗糙表面影响了对螺栓预紧力的控制。

（二）处理措施

（1）对该批次螺栓全部进行更换，重新加工螺栓安装。螺栓安装前必须按照有关标准要求进行复检。

（2）设备厂家应提供螺栓安装预紧力等现场施工要求，并提供螺栓安装伸长值及相关安装技术；电厂应严格按照厂家要求控制螺栓安装工艺。

（3）要求设备厂家进一步复核大轴与转轮联接螺栓的设计可靠性，做出足够的可靠设计，以保证机组安全运行。

第三节　一般焊接结构件技术监督案例

案例 5-3-1　供水管路连接法兰开裂

一、故障简述

某水电厂在机组定期检查中发现供水管路连接法兰开裂射水。法兰为 1 号机组主轴密封供

图 5-82　连接法兰开裂射水

水管路上一个流量调节阀的连接法兰，位于顶盖下，平时不易发现。型号为 DN40，法兰设计标称材质为 1Cr18Ni9。

二、检测与分析

现场宏观检查，供水管道与法兰采用焊接连接，为保证现场管道安装方便，法兰与管道为非垂直焊接，倾斜成一定角度。法兰采用螺栓把合，但是有强制把合的痕迹。由图5-82可知，法兰上的裂纹为贯穿裂纹。

（一）化学成分分析

对法兰的材质进行检测，检测结果如表 5-34 所示，法兰的材质符合标准要求。

表 5-34　　　　　　　　　　　　　　　法兰材质成分表

元　素	标准要求	1 号试样
C	≤0.15	0.014
Si	≤1.00	0.92
Mn	≤2.00	1.67
P	≤0.035	0.023
S	≤0.03	0.012
Ni	8.00～10.00	9.17
Cr	17.00～19.00	18.16

（二）硬度检测

在法兰上取样进行硬度检测，法兰硬度平均值为 260HBW（见表 5-35），不符合标准要求。

表 5-35　　　　　　　　　　　　　　　送检法兰硬度

序号	硬度值（HBW）						备注
	数值 1	数值 2	数值 3	数值 4	数值 5	平均值	
1	260	262	255	258	265	260	GB/T 14976—2012 要求 硬度≤187HBW

（三）金相分析

对法兰的金相组织进行分析，由检测结果可知法兰金相组织为奥氏体＋马氏体（见图 5-83），组织异常，不符合标准要求。

法兰采用不锈钢制造，标称材质为 1Cr18Ni9。经检测，法兰的化学成分符合标准要求，而法兰的硬度和金相组织均不符合标准要求。1Cr18Ni9 为典型的奥氏体不锈钢，其正常金相组织应全为奥氏体，而法兰金相组织为奥氏体＋马氏体，马氏体是一种硬度较高的金相组织，这也是法兰硬度高于标准要求的原因。奥氏体钢中存在马氏体组织通常是因为工件加工后没有退火，形变诱发马氏体相变。

供水管道在安装过程中，为确保法兰把合良好，供水管道与法兰的连接采用了斜向连接方式，而非规范的垂直连接。但是斜向连接不能保证两个法兰的密封面良好密封，为保证法兰密

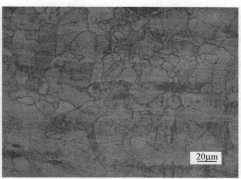

图 5-83 法兰金相组织

封不漏水，只能强制把合，实际把合力远大于标准把合力。同时由于法兰的制造工艺不规范，导致法兰的组织异常，硬度偏高。超大把合力的长期作用下，导致了法兰的开裂射水。

三、结论及处理措施

结论：法兰的安装质量不佳，法兰强制把合，实际把合力远大于标准把合力；法兰的金相组织为奥氏体＋马氏体，为异常组织，硬度不符合标准要求。在过大把合力长期作用下，导致了法兰的开裂。

处理措施如下：

（1）采用弯管工艺，保证法兰与管道垂直焊接，法兰密封面能够良好把合。

（2）重新加工法兰，对新法兰的材质、硬度进行检测，确保法兰质量。

案例 5-3-2　水电厂压力容器人孔角焊缝隐患排查

一、故障简述

2014～2016 年，湖南省电力公司结合压力容器定期检验工作，开展压力容器人孔角焊缝缺陷普查，共排查 58 台压力容器，包括储气罐和压油槽，共计发现 6 台压力容器人孔角焊缝存在裂纹等缺陷。

二、检测与分析

（1）某机组压油槽材质为 16MnR，筒体板厚 40mm。在对人孔内测角焊缝进行 MT 检测时发现在＋X 方向存在 3 条裂纹，最长约 220mm，按 JB/T 4730—2005 评定，机压油槽的人孔内测角不合格（见图 5-84）。

（2）在对 1 号高压储气罐人孔与筒体搭接焊缝进行 MT 检测时发现 4 条裂纹，单条裂纹最大长度约 55mm（见图 5-85），按 JB/T 4730—2005《承压设备无损检测》评定，不合格。

（3）在对 4 号低压储气罐的管座焊缝进行 MT 检测时发现，人孔管座焊缝（内壁）和出气管座焊缝（外壁）存在裂纹（见图 5-86、图 5-87），按 NB/T 47013.4—2015《承压设备无损检测　第 4 部分：磁粉检测》评定，不合格。

图 5-84　MT 检测内侧裂纹位置

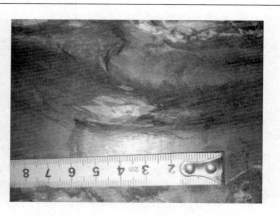

图 5-85　高压储气罐人孔与筒体搭接焊缝

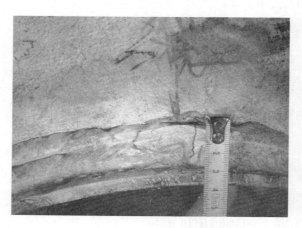

图 5-86　人孔内壁焊缝裂纹

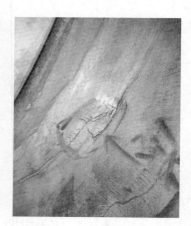

图 5-87　出气管座外壁裂纹

三、结论与处理措施

结论：人孔门角焊缝及管座角焊缝存在裂纹。

图 5-88　压力容器人孔门角
焊缝裂纹焊接修复

处理措施：对裂纹清除后进行补焊修复（见图 5-88）。具体工艺如下：

（1）使用角磨机将焊缝裂纹清根，打磨部位要求表面光滑。

（2）对打磨部位处清洗干净，然后用磁粉探伤检查焊缝。

（3）经磁粉探伤检查，若发现裂纹，则用角磨机对裂纹处进行磨削，磨削宽度 6～8mm，磨削至裂纹消失。

（4）经磁粉探伤检查并确认再无裂纹后，使用逆变焊机采用手工电弧焊依次对缺陷部位施焊。

（5）施焊完毕，使用角磨机对焊缝表面进行打磨处理，要求将焊缝磨削至与筒体表面平齐光滑。

（6）使用热处理设备对返修部位进行局部热处理，加热温度 620℃，升温速度 200℃/h，保温时间 2h，降温速度 260℃/h。

（7）缺陷部位在焊后 24h 再次进行磁粉探伤检查，处理部位无裂纹为合格。

（8）设备经热处理及无损检测合格后进行压力试验。因该储气筒现场实际工作压力为 6.5MPa，为降压使用，因此，试验压力取 8.05MPa（气压）。

案例 5-3-3　机组定子消防水管断裂

一、故障简述

某机组（1号）在运行过程中，供水室高压环管与发电机消防水管接口处破裂，消防水大量外涌，蔓延至 1号机励磁变、1号机消弧线圈室，并有少量积水流入 1号机水车室。运行人员立即对 1号机组解列停机，组织现场人员对现场的积水疏通及清扫，并配合检修人员应急处理，对 1号机组 148层、142层、排水系统、139层、2号机组进行全面检查，机电设备正常，恢复正常备用。

二、检测分析

（一）1号机发电机消防水管

开裂的消防水管位于高压环管下方，与高压环管采用法兰连接。检查发现，1号机组高压环管整体右移，由于拉力作用，高压环管下接法兰管以及消防水管露出地面段均出现不同程度倾斜，如图 5-89 所示。

消防水管外壁一侧接近集水道，由于供水室地面以及集水道潮湿积水，导致该部分管道外表面腐蚀严重，防腐漆剥落，钢管锈蚀痕迹明显，如图 5-90 所示；消防水管为静水管道，内壁腐蚀亦较为严重，管道内可观察到腐蚀剥落堆积在弯头的腐蚀产物，如图 5-91 所示。挖开管道附近混凝土，可观察到水管裂口，如图 5-92 所示。

图 5-89　1号机组高压环管下接法兰段　　图 5-90　管道外表面腐蚀严重
　　　　　及消防水管倾斜

图 5-91　消防水管弯头腐蚀产物内部堆积

图 5-92　1 号机组发电机消防
水管裂口（焊缝开裂）

　　水管裂口位于地面下方约 110mm 处。水管开裂方向与水流方向垂直，开裂部位位于水管直管段与水管弯头的焊缝上，水管内壁焊缝上可观察到明显的焊瘤，依据 SL 36—2006《水工金属结构焊接通用技术条件》，焊缝分一类、二类、三类，即使是三类焊缝也不允许存在焊瘤。对清除腐蚀层后的消防水管壁厚进行测量，厚度不均，两点厚度分别为 4.15mm 和 3.10mm。根据图纸查询结果（附录 A），原消防水管规格为 $\phi108\times6$mm，管壁厚度为 6mm。水管壁厚腐蚀减薄严重。

（二）1 号机组高压环管伸缩节

　　1 号机组高压环管上的连接伸缩节发生严重变形，对 1、3、4 号机组高压环管上的伸缩节长度进行测量，测量结果如表 5-36 所示。1 号机组高压环管 2 号伸缩节严重变形，其长度为 315mm；1 号伸缩节长度为 236mm，如图 5-93 所示。安装于法兰上的螺杆固定点崩裂，如图 5-94 所示。对 3 号机组高压环管段伸缩节长度进行测量，两段伸缩节长度分别为 250mm 和 240mm；对 4 号机组两端伸缩节进行测量，分别为 235mm 和 238mm。以上测试结果表明：3 号机组高压环管段 1 号伸缩节有明显伸长。

表 5-36　　　　　　　　　　　　高压环管伸缩节长度测量值

机组编号	伸缩节编号	伸缩节长度（mm）
1	1 号	236
	2 号	315
3	1 号	250
	2 号	240
4	1 号	235
	2 号	238

　　依据 GB/T 12777—2008《金属波纹管膨胀节通用技术条件》，高压环管安装的伸缩节为单式轴向型伸缩节。安装于伸缩节法兰上的螺杆为伸缩节装运件，使伸缩节在运输和安装过程中保持正确的长度，伸缩节安装后进行系统压力试验前应将装运件拆除或松开。该型伸缩节主要用于管道安装过程中位置调节，不具备轴向承压功能。

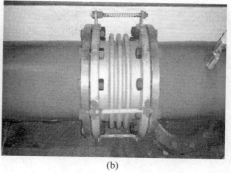

(a)　　　　　　　　　　　　　(b)

图 5-93　高压环管伸缩节

（a）变形的 2 号伸缩节；（b）正常的 1 号伸缩节

此外，需要注意法兰盘连接螺栓中有不锈钢螺栓、也有碳素钢螺栓，由于碳素钢螺栓与不锈钢法兰存在接触腐蚀，碳素钢螺栓表面有明显锈蚀痕迹，而不锈钢螺栓则没有，螺栓锈蚀会影响法兰的拆、装。

（三）1 号机组高压环管整体结构

1 号机组高压环管安装示意图如图 5-95 所示。高压环管上安装有两个伸缩节，1 号伸缩节左边的高压环管与空冷备用水管连接，可作为一个刚性固定点，右边的高压环管与轴承备用水管连接，可作为另一个刚性固定点，1 号伸缩节位于两个刚性固定点中间，该段高压环管可认为长度基本固定，轴向承压小。2 号伸缩节左边

图 5-94　高压环管伸缩节螺杆固定点

存在一个刚性固定点，即轴承备用水管，其右边本应与 2 号机组高压环管段连接，但是由于本次 2 号机组检修中对该段高压环管进行更换，因此采用一个阀门封闭该段高压环管，且该阀门没有固定支撑，在水平轴向可以自由移动，因此该伸缩节的右边刚性固定点只剩下与高压环管连接的发电机消防水管。作用于环管端部的水压力由 2 号伸缩节和消防水管承载。

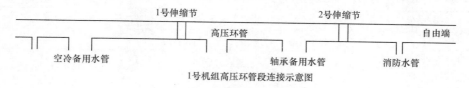

图 5-95　1 号机组高压环管段刚性点及伸缩节分布示意图

（四）其他机组供水室管道检查情况

对其他机组的管道类似部位进行检查，检查情况如下。

（1）2 号机组消防水管法兰接头腐蚀严重，内部有法兰接头与消防水管的焊瘤、腐蚀产物存在，减小了管道直径，影响水流流通，如图 5-96 所示。2 号机组高压环管已拆除，现场没有伸缩节。此外，2 号机组蜗壳供水管与消防水管位置类似，检查中亦发现蜗壳供水管与高压环管连接法兰锈蚀严重，如图 5-97 所示。

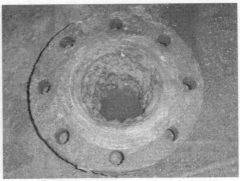

图 5-96　2 号机组消防水管法兰接头腐蚀情况

图 5-97　2 号机组蜗壳供水管与高压环管连接法兰锈蚀

（2）3 号机组消防水管腐蚀情况如图 5-98 所示，1/2 管道直接位于供水室的集水槽中，腐蚀严重。高压环管伸缩节亦发生明显变形，如图 5-99 所示。对伸缩节长度进行测量，1 号和 2 号伸缩节长度分别为 260mm 和 250mm，对螺杆支撑点与法兰焊接部位的焊缝进行检查，发现裂纹。

图 5-98　3 号机组消防管道法兰附近腐蚀情况

（3）对 4 号机组高压环管段进行检查，消防水管漏出地面段防腐情况相对较好，防腐漆仍保留在水管外壁，如图 5-100 所示。由于 4 号机组高压环管段两端都受到限制，因此该段高压环管端部不会位移，两个伸缩节长度分别为 235mm 和 238mm，宏观上未发现明显变形，如图 5-101 所示。

图 5-99　3 号机组高压环管 1 号伸缩节螺杆支撑点变形及裂纹

图 5-100　4 号机组消防管道法兰附近腐蚀情况　　　图 5-101　4 号机组高压环管段伸缩节

三、原因分析

对消防水管承载受力情况进行初步计算：

对高压环管的端面受力进行计算，高压环管直接取水于压力钢管，水压约为 1.2MPa。环管管道内径为 300mm，根据：

$$F = P \cdot S \tag{5-2}$$

其中：

$$P = 1.2 \text{ MPa}$$
$$S = \pi d^2 / 4 = 70686 \ (\text{mm}^2)$$

可得：

$$F = 84.82 \text{kN}$$

假定高压环管伸缩节承载拉力为零，环管端面所受压力全部作用与消防水管上。

1. 剪切应力计算

悬臂支管上的剪切力均匀分布，垂直于支管的作用力合力。平均剪切应力：

$$\sigma = F/S \tag{5-3}$$

根据经验公式，σ_{max} 为平均剪切应力的 2 倍，即 $\sigma_{max} = 2 \times \sigma$。

$$S = \pi(D^2 - d^2)/4 \tag{5-4}$$

按照设计壁厚 6mm 计算，$D = 108$mm，$d = 96$mm，则：

平均剪应力　　　　　　　　　　$\sigma = 44.14$MPa

最大剪应力　　　　　　　　　　　　$\sigma_{max} = 88.28MPa$

按照现场实测壁厚计算，以现场实测最小壁厚 3.1mm 计算，$D=106mm$，$d=99.8mm$，则：

平均剪应力　　　　　　　　　　　　$\sigma \approx 84.68MPa$

最大剪应力　　　　　　　　　　　　$\sigma_{max} = 169MPa$

2. 弯曲应力计算

$$\sigma_{max} = M/W$$

其中：

$$M = F \times L, L = 300(mm) \tag{5-5}$$
$$W = \pi \times D^3 \times (1 - \alpha^4)/32$$
$$\alpha = d/D$$

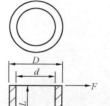

图 5-102　弯曲应力
计算示意图

以上各物理量示意如图 5-102 所示。

按照设计壁厚 6mm 计算，$D=108mm$，$d=96mm$，则：

$$\sigma_{max} \approx 548.2MPa$$

按照设计壁厚计算，σ_{max} 为 548.2MPa，若按照实际壁厚计算，最大弯曲应力更大。一般情况下，Q235 最大抗拉强度小于 500MPa，因此消防水管承载的弯曲应力超过了其抗拉强度。

以上计算假定伸缩节承载拉力为零进行理论计算，考虑伸缩节承载拉力等因素的影响，根据断水检修已维持 48h 时间，可以判断：消防支管实际最大弯曲正应力与抗拉强度基本持平。在机组运行振动及水力压力脉动共同作用下，最大弯曲正应力超过抗拉强度，消防水支管逐渐开裂。

消防水管破裂后，其固定作用消失，高压环管端面水压力全部承载于 2 号伸缩节上，由于该型伸缩节不具备轴向承压功能，伸缩节上的螺杆（装运件）也不能承载如此高强的水压，伸缩节被拉伸严重变形，1 号机组高压环管 2 号伸缩节右端向右整体移动约 80mm。

四、结论与处理措施

结论：高压环管端面水压力作用于消防水管上，消防水管承载的弯曲应力超过其承载能力，进而导致消防水管开裂。消防水管内、外管壁严重锈蚀导致管壁厚度严重减薄，消防水管焊缝质量欠佳，也是本次消防水管撕裂的重要原因。

处理措施如下：

（1）1 号机组消防水管已运行 30 余年，消防水管内壁、外壁腐蚀严重，建议开挖消防水管，检查水管弯头另一端焊缝质量及水管壁厚减薄情况，依据腐蚀情况决定是否在原管段上焊接修复消防水管。

（2）对高压环管下接法兰焊缝进行无损检测，检查焊缝完好程度。

（3）更换高压环管伸缩节，目前高压环管采用的伸缩节为单式轴向型，不具备轴向承压功能，更换成具备轴向承压功能的伸缩节，或者是位置可调节的法兰。

（4）结合机组改造，对预埋水管逐步更换。

案例 5-3-4　**液压启闭机油管法兰裂纹分析**

一、故障简述

某机组液压启闭机油缸下腔供油管法兰焊缝边缘（靠法兰侧）存在裂纹，并有油渍渗出。启门压力为 14.17MPa，持住压力为 24.8MPa，该启闭机已投运 9 年。

二、检测与分析

将启闭机油缸下腔供油管下段拆出，经 PT 检测靠法兰侧焊缝存在约 80mm 裂纹（见图 5-103、图 5-104），且法兰与管道内圈安装时未进行焊接加强。

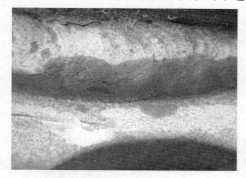 

图 5-103　焊缝法兰侧裂纹图　　　　　图 5-104　法兰台阶处穿透性裂纹

从结构上分析，法兰结构不合理：法兰台阶与管道外壁在焊接过程中，由于焊缝的冷却收缩，会在图 5-105 裂纹部位产生拉应力；而法兰端面由于螺栓把合，螺栓的把合力也会在图中裂纹部位产生拉应力。而该处并没有设计过渡 R 角，进一步促进应力集中，增加了裂纹萌生的可能性。

三、结论及处理措施

结论：法兰结构不合理。法兰面与台阶直接过渡处应力集中是导致裂纹萌生的主要原因。

处理措施如下：

（1）重新设计法兰结构。为防止应力集中，去除台阶设计。

（2）重新设计焊接工艺。同时在外圈和内圈设计角焊缝，并设计坡口保证焊接质量，焊接示意图如图 5-106 所示。

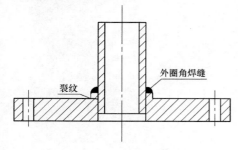 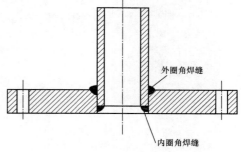

图 5-105　法兰台阶裂纹示意图　　　　图 5-106　外圈开坡口焊接内圈角焊缝加强

案例 5-3-5 剪断销断裂、限位块脱落调查分析

一、故障简述

某机组在 AGC 短时降负荷过程中报出剪断销断裂信号，检修人员听见机组声音异常，厂房及办公大楼明显振动。运行人员将机组紧急下闸，随即前往现场进行检查。机组振动在线监测系统表明：该机组瞬时顶盖振动值达到 $3700\mu m$，水导摆度在 $900\mu m$ 以上，严重超标。

二、检测与分析

（一）外观检查

（1）导叶控制装置：导叶下连接板脱落，下连接板压板和固定螺栓已经掉落如图 5-107 所示；连接板的销钉孔由于撞击发生了严重变形，内孔由圆形变为方形如图 5-108 所示；导叶臂与导叶轴颈传动销套已经被挤裂，导叶臂与导叶固定位置发生了错位，如图 5-109 所示。

（2）导叶保护装置：17、18、19 号导叶臂与导叶轴颈传动销套变形，如图 5-110 所示；导叶的剪断销发生断裂，如图 5-111 所示。现场对剪断销断口进行检查发现，剪断销断口平整且较为光滑，判定为冲击断裂所致。18、19 号导叶关侧限位装置脱落，如图 5-112 所示。

图 5-107 18 号导叶的下连接板脱落

图 5-108 连接板销钉孔变形

图 5-109 导叶轴颈与导叶臂连接销套挤裂

图 5-110 导叶臂与导叶轴颈传动销套变形

图 5-111　剪断销剪断

图 5-112　18 号导叶限位块脱落

（3）活动导叶与固定导叶：进入蜗壳检查发现，顶盖与活动导叶间隙处存在明显擦痕，如图 5-113 所示，活动导叶进水边也存在明显擦痕，如图 5-114 所示；18 号活动导叶旋转超过 180°，如图 5-115 所示。活动导叶出水边反转，其位置超过固定导叶出水边，固定导叶出水边及活动导叶出水边都有挤压痕迹。

（4）转轮：转轮完整，没有明显损伤，仅在其中一块叶片上观察到擦痕，如图 5-116 所示。

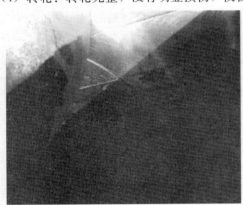

图 5-113　顶盖擦痕图

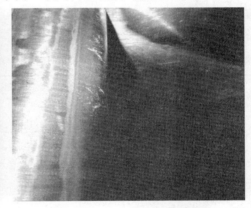

图 5-114　18 号活动导叶擦痕

图 5-115　活动导叶旋转超过 180°

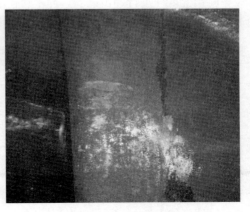

图 5-116　转轮擦痕

（二）理化分析

剪断销材质为 45 号钢。对剪断销的金相组织进行检验，铁素体分布于晶界上，且呈现羽毛状，有魏氏组织特征，如图 5-117 所示。

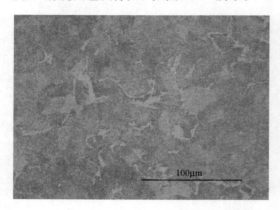 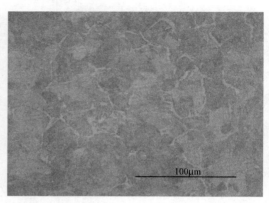

图 5-117　剪断销金相组织

在剪断销上取样进行力学性能分析，试样强度如表 5-37 所示。根据剪断销的服役特性，剪断销的力学性能需具有均一性，因此必然进行热处理。45 钢一般采用正火处理来获得良好的综合力学性能要求。依据 GB/T 699—1999《优质碳素结构钢》，剪断销的抗拉强度及断后伸长率符合标准要求。

表 5-37　　　　　　　　　　剪断销力学性能检测

编号	抗拉强度 R_m（MPa）	断裂总伸长率 A（%）	标准要求
1	826	19.2	
	825	19.8	
	829	21.1	正火态：$R_m \geq 600MPa$
2	830	24.2	断后伸长率≥16%
	831	25.4	
	831	24.0	

在剪断销上取样进行冲击试验，冲击功检测数据分散，在每组检测结果中，均有一个试样的检测数值低于标准要求（见表 5-38），因此冲击功不符合标准要求。

表 5-38　　　　　　　　　　剪断销冲击性能检测

编号	冲击功 A_{KU2}（J）	标准要求
1	40.0	
	52.5	
	31.5	正火态：$A_{KU2} \geq 39J$
2	47.8	
	44.5	
	32.5	

剪断销硬度如表 5-39 所示。硬度值比标准要求偏高。

表 5-39

剪断销硬度检测

编号	硬度值			平均值	标准要求
1	241	244	244	243	退火态≤197HB
2	243	245	244	244	非热处理态≤229HB

（三）限位块焊接质量分析

对限位块的焊接质量进行检查可知，限位块共有五条边，四条边焊接，与导叶臂相碰撞的一条边装有橡胶块，该边没有进行焊接，限位块现场焊接方式如图 5-118 所示，图中阴影区域为实际焊接位置。对焊缝进行检查发现，焊缝没有开坡口，焊接高度约 8～10mm，焊接质量较差。查看厂家提供的设计施工方案可知，限位块实际焊接方式完全错误，限位块焊接应开全坡口，全焊透，如图 5-119 所示，阴影区域为焊接位置。

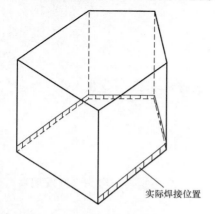

图 5-118　限位块现场焊接方式

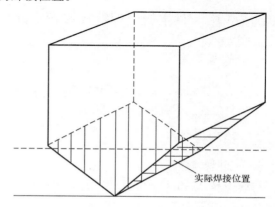

图 5-119　限位块理论焊接方式

导叶保护装置由剪断销、摩擦限位装置与导叶限位块两部分装置组成，其功能如下：

（1）当导叶在关闭过程中被异物卡住，导叶及传动零件承载应力达到一定应力水平而未破坏时，剪断销首先发生断裂，保证其他导叶继续关闭。剪断销的作用是当传动机构超过预设载荷时自动断裂，起到保护导叶与传动机构的目的。

（2）每个导叶均设有摩擦限位装置，以防止导叶在保护装置动作后反复摆动。如果在任何一对导叶之间有障碍物，该装置不会妨碍控制环向开或关方向运动。

（3）每个导叶设有导叶限位块，是在最不利的工作条件下根据可能施加到导叶限位块上的最大水力矩和冲击力而设计的。限位块设在顶盖和拐臂之间用以限制导叶运动角度，在保护装置动作的情况下防止松动的导叶对相邻的导叶或转轮运动产生干扰。当剪断销断裂、摩擦副失效时，导叶在全关与全开限位块间摆动，不会与相邻导叶和转轮相碰撞，起到保护导叶与轮轮目的；当限位块失效时，导叶可能会与固定导叶或转轮发生碰撞，导致导叶及转轮的破坏。

本次事故过程中，转轮表面有擦痕，表明可能有异物进入转轮，并且卡塞限制导叶活动的可能。剪断销首先发生断裂，且导叶受到的力矩大于摩擦副能承受的力矩，致使导叶臂直接冲击到限位块上。加之限位块焊接方式错误，且焊接质量不良，限位块被冲击脱落，导叶受水力冲击且位置不受限制，导致导叶反转，位置错位，并且在撞击过程导致连接板撞击变形。

三、结论与处理措施

结论：本次事故的主要原因为导叶保护装置失效。其中，限位块保护功能失效导致活动导叶与固定导叶碰撞时本次事故的直接原因。在机组安装阶段，导叶臂限位块未按照设计要求施焊，导致焊缝强度大大降低，限位块在导叶臂转动时未能有效保护。剪断销显微组织不良、力学性能不佳，以及导叶摩擦装置在导叶剪断销剪断后发生滑动也是导致此次事故的重要因素。

处理措施如下：

（1）剪断销显微组织有魏氏组织特征，硬度偏高，冲击吸收功不符合标准要求，建议对机组所有剪断销进行更换；

（2）对现有限位块全部重新焊接，焊接方式应按全焊透的方式进行。

案例5-3-6　供水管道焊缝拼接弯头漏水检测

一、故障简述

某水电厂在巡视过程中发现机组供水管道焊缝拼接弯头有局部渗漏，该供水管道为建厂时机组安装单位现场焊接安装，已投运30余年。

二、检测与分析

（一）外观检查

对现场部分焊缝拼接弯头拆除进行内部检查发现，弯头焊缝质量差，弯头内壁发现大量未焊透缺陷，如图5-120、图5-121所示。

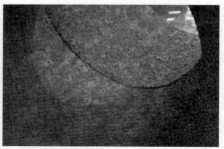

图5-120　水管焊缝拼接弯头外部、内部形貌

图5-121　弯头内壁的未焊透缺陷

（二）壁厚检测

对连接管道开展壁厚检测，检测其每一段管道壁厚，检测数据如表 5-40 所示。共检测 22 个焊缝拼接弯头，其中各段管道壁厚差超过 1mm 的焊缝拼接弯头有 12 个。这些管道弯头为机组安装时现场组装焊接而成，弯头各段管壁厚度不均表明现场焊接用管不规范。

表 5-40　　　　　　　　　　机组供水系统焊缝拼接弯头管壁厚度测量

序号	位置名称	管件规格	弯头测点段（mm）				
			1	2	3	4	最大壁厚差
1	空冷排水阀前	DN300 弯头	8.5	9.9	9.9	9.8	1.4
2	空冷排水阀后	DN300 弯头	9.8	9.4	9.9	9.5	0.5
3	空冷供水阀前	DN250 弯头	9.5	8.7	9.2	8.1	1.4
4	空冷供水阀后	DN300 弯头	8.5	9.4	9.6	9.1	1.1
5	轴承备用阀后	DN250 三通	11.2	9.9	8.7	—	2.5
6	轴承备用阀后	DN150 弯头	5.3	5.3	5.3	5.2	0.1
7	推力轴承排水阀前	DN200 弯头	7.4	8.1	7.5	7.8	0.7
8	推力轴承排水阀后	DN200 弯头	7.8	7.6	7.5	7	0.8
9	空冷总供水阀前	DN250 弯头	8.9	9.4	9.2	9	0.5
10	空冷备用供水阀后	DN250 三通	9.4	8.9	9.8	—	0.9
11	轴承供水过滤器后	DN200 弯头	9.6	8.9	10		1.1
12	空冷射流泵尾水取水阀前	DN300 弯头	8.9	8.8	7.4	9.2	1.8
13	空冷射流泵供水阀前	DN200 弯头	8.1	7.2	7.2	6.6	1.5
14	蜗壳取水阀前	DN250 弯头	7.6	6.9			0.7
15	尾水平压管	DN300 弯头	9.9	8.9	9.3	9	1.0
16	尾水平压管	DN300 弯头	9.2	8.2	9.1	7.9	1.3
17	轴承射流泵尾水取水阀前	DN300 弯头	8.1	9	8	9.5	1.5
18	轴承射流泵取水阀前	DN300 弯头	6.7	7.1	7.2	—	0.5
19	轴承射流泵供水阀后	DN250 三通	8.8	8.5	—		0.3
20		DN200 弯头	7.2	7.3	7.2	7	0.3
21	139 廊道除湿机坝前取水	DN250 弯头	10	9.4	8.7	9.1	1.3
22	139 廊道钢管取水供水管	DN300 弯头	9.8	8.6	9.4	10	1.4

三、结论与处理措施

结论：焊缝拼接弯头各管段壁厚不均，且焊缝存在未焊透缺陷，焊接质量差，存在弯头破裂射水风险。

处理措施：结合机组检修对焊缝拼接弯头进行更换。

第四节　转动件技术监督案例

案例 5-4-1 **顶盖减压板碰磨及焊缝开裂**

一、故障简述

某机组在运行过程中，水导瓦温突增，水导瓦温 1 达到 75℃，水导瓦温 2 达到 61℃。检修人员检查发现主轴密封漏水比平时严重，顶盖积水上涨，同时蜗壳层积水上涨，启动防洪泵才能将水抽下。次日发现顶盖漏水继续明显增大，有淹没导轴承的趋势，遂决定机组停机转入 A 修。机组拆机后，发现转轮上部引水板及顶盖减压板严重损坏，转轮上部引水板全部被铲磨、上冠部分被磨损，顶盖引水板被破坏。

二、检测及分析

首先进行外观检查。打开顶盖后，转轮引水板及顶盖减压板磨损严重。引水板已经完全磨碎，如图 5-122（a）所示；而顶盖减压板已经从顶盖下部掉落，如图 5-122（b）所示。

(a)　　　　　　　　　　　　　　　　　　　(b)

图 5-122　转轮引水板及顶盖减压板的磨损破坏

(a) 转轮引水板磨损；(b) 顶盖减压板破坏

对结构类似的机组进行 A 级检修检查，发现转轮减压板产生较严重裂纹。裂纹主要位于减压板外圆与转轮上冠间焊缝处（见图 5-123），以及减压板上盖板与内圆之间的焊缝处（见图 5-124）。减压板上盖板外圆与转轮上冠间焊缝存在连续裂纹，裂纹长度约达到转轮 2/3 圆周。压板上盖板与内圈之间出现断续裂纹，每段裂纹长度为 800~900mm，并且减压板本体局部有撕裂（见图 5-125），产生裂纹总体区域约大于转轮 2/3 圆周。

机组减压板内径为 $\phi2184$，外径为 $\phi3650$，减压板设有 16 块筋板，筋板径向布置，圆周均布。减压板内圈、上盖板及筋板均采用不锈钢板 1Cr18Ni9Ti。减压板设计图如图 5-126 所示，开裂部位在设计图上的位置如图 5-127 所示。

机减压板上盖板加工后的厚度为 12mm，内部虽然设有筋板，但与转轮上冠间无接触，为悬空结构，减压板结构本身刚度偏弱，这是导致减压板出现裂纹的原因之一。

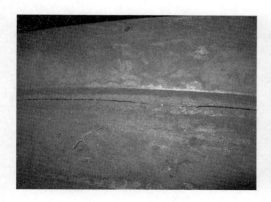

图 5-123　减压板外圆与转轮上冠间焊缝裂纹

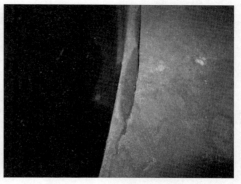

图 5-124　减压板内圆处裂纹

图 5-125　减压板内部裂纹图

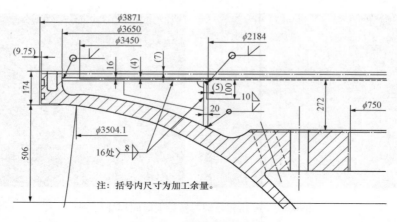

图 5-126　转轮减压板结构

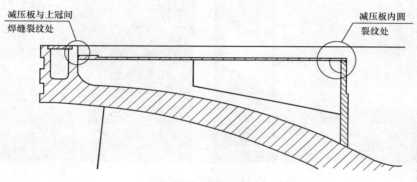

图 5-127　减压板裂纹位置图

经检测，减压板上腔水压力为 0.094～0.174MPa，作用在减压板上的压力为 628～1163kN，减压板在水压力及压力脉动长期作用下，外圆与转轮上冠间焊缝及上盖板与内圈之间的焊缝处均为交变的弯曲应力，且受结构限制，这两处焊缝均无法清根焊透，焊缝在交变载荷作用下，容易出现裂纹，随着机组运行，裂纹会继续扩展，导致情况恶化。

三、结论及处理措施

（1）将已发现的减压板缺陷处清理干净，按照焊接工艺方案重新补焊，焊后打磨平顺，并进行 PT 探伤检查。

（2）对未发现裂纹的焊缝表面进行 PT 探伤检查，若发现裂纹，按照第（1）条处理方案进行处理。

（3）在减压板上盖板开设 8-ϕ15 或 ϕ20 通孔（此孔尺寸可根据现场情况确定），对减压板内外腔进行平压处理，减小减压板所承受的外载荷，同时在减压板上盖板外圆与转轮上冠处增加焊缝（10 ），如图 5-128 所示。焊后打磨平顺并进行 PT 探伤检查。

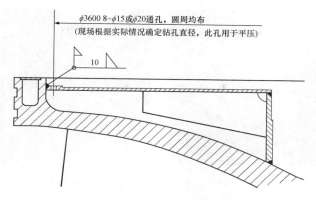

$\phi3600\ 8-\phi15$或$\phi20$通孔，圆周均布
（现场根据实际情况确定钻孔直径，此孔用于平压）

10

图 5-128　减压板现场开平压孔及增加角焊示意图

案例 5-4-2　发电机制动环严重磨损

一、故障简述

某机组的 D 级检修中发现，机组部分磁轭拉紧螺杆磨损，个别的已经磨损至拉紧螺母。此状况已不能维持一个大修周期，亟需更换磁轭，此外，且由于该机组的制动环与转子的磁轭是一体的，还需要进行转子重新叠片。

二、检测与分析

宏观检查发现，发电机制动环严重磨损（见图 5-129），转子拉紧螺杆端部严重磨损（见图 5-130），螺杆端部在制动环上形成明显的擦痕（见图 5-131），制动环存在明显龟裂（见图 5-132）。

图 5-129　制动环磨损严重

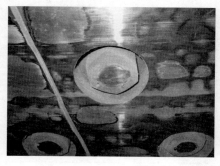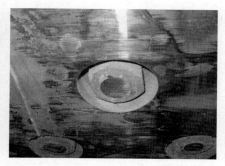

图 5-130　转子拉紧螺杆端部磨损

图 5-131 螺杆端部磨损在制动环上形成的擦痕

图 5-132 制动环龟裂

对制动环进行超声波测厚（测量 4 个方向，每个方向取两点最小测量值），数据如表 5-41 所示，对制动环龟裂部位面积进行测量，结果如表 5-42 所示。

表 5-41　　　　　　　　　　　　　　　　制动环厚度检测

位置	厚度			
	数值 1	数值 2	数值 3	平均值
X（21 号风斗）	55.6	56.2	55.9	55.9
$-X$（43 号风斗）	55.6	55.8	55.7	55.7
Y（10 号风斗）	55.7	56.2	56.1	56.0
$-Y$（32 号风斗）	55.6	56.0	55.9	55.8

表 5-42　　　　　　　　　　　　　　　　制动环龟裂面积检测

位置	龟裂面积（mm^2）	位置	龟裂面积（mm^2）	位置	龟裂面积（mm^2）
44～1 号内侧	50×20	3 号内侧	40×60	4 号内侧	30×20
8 号内侧	30×50	9 号内侧	50×40	10 号内侧	80×40
11～12 号外侧	40×20	15 号外侧	100×10	17 号内侧	20×40
21 号内侧	40×40	21～22 号内侧	50×20	22～23 号内侧	30×15
24 号外侧	20×10	24～25 号外侧内侧	30×20 30×20	25 号内侧外侧	30×40 40×30
25～26 号外侧	50×20	28 号内侧	50×10	39 号内侧	20×20
43 号内侧	40×40				

经查设计图纸知，制动环标注厚度为 60±0.4mm。实测非接触面最厚（内侧）为 62mm，接触面平均厚度为 55.8mm，制动环平均减薄约 6.2mm。因制动环减薄，部分转子拉紧螺杆底部被磨损。

三、结论与处理措施

结论：由于制动环磨损严重，平均减薄约 6.2mm，造成部分转子拉紧螺杆底部及紧固螺母磨损严重。

处理措施如下：

（1）定期巡视检查制动环，防止拉紧螺杆失效造成事故。

（2）结合 A 级检修尽快对制动环及转子进行改造。

案例 5-4-3　顶盖支撑环及控制环抗磨块磨损

一、故障简述

某机组 AGC 投运有近 10 年，在首次 A 修过程中发现控制环抗磨块严重磨损，部分抗磨块已经完全磨损，固定抗磨块的螺钉也磨损严重。相应的，与控制环抗磨块对摩的顶盖支撑环也磨损严重。抗磨块为黄铜材质，固定抗磨块螺钉为 35 钢，顶盖为 Q235 材质。

二、检测与分析

（一）宏观检查

与完整的控制环抗磨块（见图 5-133）相比，该机组的抗磨块严重磨损（见图 5-134）。宏观检查发现，顶盖支撑环的平面与立面部位均存在因磨损而导致的凹槽，如图 5-135、图 5-136 所示；抗磨块的固定螺钉也存在磨损，如图 5-137 所示。

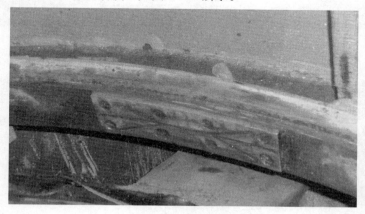

图 5-133　完整的控制环抗磨块

（二）磨损尺寸测量

1. 控制环及磨损部位、状况

控制环磨损部位及其磨损状况如图 5-138 所示。

图 5-134　严重磨损的的抗磨块

图 5-135　顶盖支撑环平面磨损凹槽

图 5-136　顶盖支撑环立面磨损凹槽

图 5-137　抗磨块固定螺钉磨损

图 5-138　控制环—Y 方向磨损部位（弧长 1940mm×高 80mm×深 3～4mm）

2. 顶盖支撑环及磨损部位、状况

顶盖支撑环磨损部位及其磨损情况如图 5-139～图 5-142 所示。

抗磨块材质为黄铜，硬度最低；顶盖支撑环材质为 Q235，硬度居中；固定螺钉材质为 35 号钢，硬度最高。由于 AGC 负荷调整频繁，控制环相应转动频繁，从而导致抗磨块与顶盖支撑环频繁摩擦。

该机组设计于 1968 年，设计时并没有考虑 AGC 负荷调整，AGC 投运以前，机组经常处于满负荷或者固定负荷，负荷调整少，抗磨块与顶盖的摩擦少。按照原运行工况，抗磨块设计寿命足以支撑一个大修周期，但是负荷的频繁调整，大大减少了抗磨块使用寿命，目前已不能支撑一个大修周期。

机组负荷调整中，由于抗磨块最软，首先磨损，当抗磨块磨损到一定深度后，固定抗磨块的螺钉裸露出来并与顶盖支撑环直接摩擦，由于固定螺钉的硬度高于顶盖支撑环，导致顶盖支撑环及调速环磨损，并且磨出明显的凹槽。

157

图 5-139 顶盖支撑环平面＋Y 偏＋X 磨损情况（内：540mm×16mm× 4mm；外：770mm×23mm×4mm）

图 5-140 顶盖支撑环立面＋X 偏－Y 磨损（上：460mm×26mm×2.5mm； 下：400mm×24mm×2.8mm）

图 5-141 顶盖支撑环立面－X 偏－Y 磨损（上：600mm×24mm×5mm； 下：450mm×22mm×5mm）

图 5-142　顶盖支撑环立面－Y 方向（2000mm×90mm×3～5mm）

三、结论及处理措施

结论：自机组进入 AGC 调节以来，机组负荷调整频繁，调速环与顶盖支撑环的摩擦大为增加，抗磨块磨损严重，抗磨块固定螺钉与顶盖支撑环直接摩擦导致顶盖支撑环严重磨损。

处理措施如下：

（1）结构上，增大抗磨瓦与顶盖支撑环、调速环的接触面积，减小单位摩擦压力，减小磨损。

（2）更换耐磨效果更为优良的抗磨块。如采用锡青铜、铅青铜甚至更好的铍青铜，还可以考虑在块体材料上钻孔，嵌入石墨棒、二硫化钼等减摩介质，同样能够起到减摩效果。

（3）定期外部添加减摩介质，减少干摩擦。

案例 5-4-4　活动导叶与顶盖刮擦磨损

一、故障简述

2013 年 10 月，对某机组进行 A 级检修时发现，水轮机导水机构存在严重的设备缺陷。导水叶与顶盖发生了严重的刮擦现象，若该问题不加以控制，可能造成导叶卡死，剪断销大面积断裂，从而引发导叶失控，导致水轮机水力不平衡、机组震摆度增大、转速上升，轻则造成机组非停，重则造成水轮发电机组过速飞逸，严重影响到水轮发电机组的安全稳定运行。

二、检测与分析

首先现场宏观检查。现场检查发现顶盖上的 24 副止水密封橡皮已全部剪断，顶盖本体刮伤最深位置已达 3mm。顶盖与导叶刮擦情况如图 5-143～图 5-146 所示。

图 5-143　顶盖刮痕

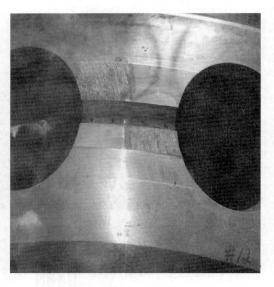

图 5-144　顶盖刮痕

图 5-145　导叶刮痕

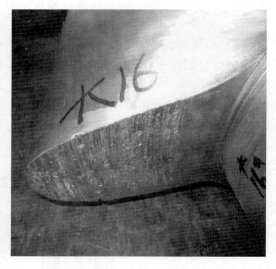

图 5-146　导叶端面刮痕

　　查找该机组历年的水轮机导水机构检修记录，发现导叶与顶盖的上端面间隙在检修前存在大面积超标现象，如表 5-43 所示。不符合 GB/T 8546—2003《水轮发电机组安装技术规范》中第 5.5.1 条规定：导叶端面间隙应符合设计要求，导叶止推环轴向间隙不应大于该导叶上端面间隙的 50%，导叶应转动灵活。且随着运行年限的增加顶盖与导叶的刮擦情况日趋严重，如表 5-44 所示。对导叶止推环检修前间隙测量发现，间隙超标的止推环数量随着机组运行年限的增加而迅速增加，如表 4-45 所示。

表 5-43　　　　　　　　　　历年导叶端面间隙检查超标记录

历检修年份	超标导叶编号（检修前）	超标总数量
2003	13、14	2 块
2007	2、7、9、16、20	5 块
2010	3、4、7、13、18、21、22、23	8 块
2012	2、3、4、7、9、13、14、16、18、19、22、23	12 块
2013	2、3、4、7、9、10、13、14、16、17、18、19、22、23、24	15 块

表 5-44　　　　　　　　　历年顶盖与导叶发生刮擦数量统计

检修年份	与顶盖发生刮擦的导叶数量
2003	0 块
2007	3 块
2010	8 块
2012	18 块
2013	24 块（全部）

表 5-45　　　　　　　　　历年导叶止推环间隙超标数量统计

检修年份	与顶盖发生刮擦的导叶数量
2003	0 块
2007	18 块
2010	46 块
2012	48 块（全部）
2013	48 块（全部）

　　随着机组运行年限的增加，与导叶限位相关的数据指标均呈恶化趋势增加。在历年的检修过程中发现导叶调节的灵活性在逐年降低，导叶端面间隙在调整时经常出现导叶上下困难，无法调整的情况。

　　对导叶安装位置和限位结构进行分析，活动导叶的支撑部件底环将导叶下轴端密封，在导叶上下运动时，底环孔成为了导叶下端轴的密封腔，导致内部变化的压力无法被释放，从而致使导叶上下运动时存在反弹现象。

　　导叶止推环的间隙因为导叶上浮带动拐臂本体运动，因此每次测量的间隙并不是导叶止推环的实际限位间隙，造成了限位能力降低或失去作用。

三、结论及处理措施

　　结论：底环将导叶下轴端密封，底环孔成为了导叶下端轴的密封腔，导致内部变化的压力无法被释放，从而致使导叶上下运动时存在反弹现象。

　　处理措施如下：

　　（1）对已经磨损的顶盖和导叶进行补焊、打磨修复处理。

　　（2）在底环上的导叶下端轴孔底部增加泄压孔，以释放孔内压力。底环泄压孔位置如图 5-

147 所示；现场钻孔施工情况如图 5-148 所示；所增加的泄压孔如图 5-149 所示。

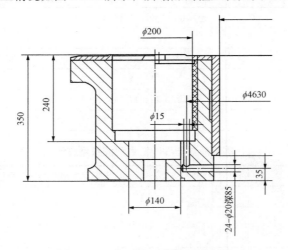

图 5-147 底环泄压孔施工示意图

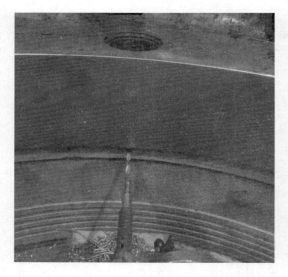

图 5-148 钻孔

图 5-149 泄压孔

四、维修效果

处理后，经过一年的运行检验，在机组检修期间对导叶端面间隙调整时发现，导叶上下调整灵活，导叶端面间隙调整合格率为 100%，导叶与顶盖刮擦的情况已完全消失。

案例 5-4-5 轴流转桨机组轮毂表面堆焊层检测

一、故障简述

某机组改造轮毂进行出厂预验收。现场对轮毂表面堆焊层的表面缺陷、硬度、材质进行了检测，发现轮毂表层堆焊层存在质量问题。铸造轮毂材质为 20SiMn，轮毂表面堆焊有 309L 熔敷层。

二、检测与分析

（一）表面缺陷检测

对轮毂表面进行整体 PT 检测发现，轮毂外表面存在多处线性缺陷显示，且成列型显示，如图 5-150 所示。

图 5-150　轮毂整体检测图

为检测线性显示缺陷是否为浅表层缺陷，对 4 处缺陷进行表面打磨，打磨深度为 0.5mm，打磨后再次 PT 检测，缺陷仍然存在，如图 5-151、图 5-152 所示。

图 5-151　轮毂表面列式显示缺陷

根据 CCH70-3《水力机械铸钢件检验规范》的要求，PT 检测结果分为 5 级，其中 5 级为最低级。按照第 5 级的要求：不允许有长度超过 7mm 的线性显示，不允许有列长超过 16mm 的成列形显示。依据该标准要求，轮毂表面 PT 检测结果低于 5 级。

参照 NB/T 47013.5—2015《承压设备无损检测　第 5 部分：渗透检测》要求，轮毂表面

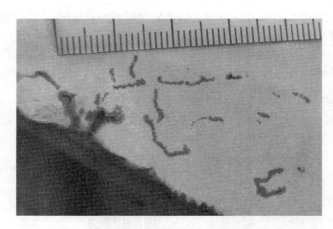

图 5-152　轮毂表面线性缺陷

PT 检测结果评为Ⅳ级（最低级）。

（二）硬度检测

对缺陷部位、完好部位的硬度进行检测对比，检测结果如表 5-46 所示。缺陷部位的硬度值为 145～183HB，完好部位的硬度值为 242～273HB，完好部位的硬度值高于缺陷部位，表明表面堆焊层质量不一。

表 5-46　　　　　　　　　　　　　　　　　　轮毂表面硬度检测

检测部位	硬度值（HB）			
	数值 1	数值 2	数值 3	平均值
缺陷部位 1	150	152	151	151
缺陷部位 2	134	152	148	145
缺陷部位 3	153	135	147	145
缺陷部位 4	178	182	188	183
完好部位 1	274	274	272	273
完好部位 2	241	240	245	242
完好部位 3	271	265	267	267

（三）材质检测

轮毂制造设计工艺为：20SiMn 铸造，表面堆焊 06Cr13Ni5Mo 马氏体钢防气蚀层，后长动更改为表面堆焊 309L 焊丝。现场对轮毂表面堆焊层进行检测，检测结果如表 5-47 所示，不符合 GB/T 29713—2013《不锈钢焊丝和焊带》中对 309L 焊丝材质的要求。

表 5-47　　　　　　　　　　　　　　　表面堆焊层材质检测

检测次数	Cr（%）	Ni（%）
1	17.17	10.05
2	17.04	9.68
3	18.86	11.05
4	18.05	10.58

续表

检测次数	Cr（%）	Ni（%）
5	20.54	11.98
6	18.38	10.70
标准要求	23.0～25.0	12.0～14.0

三、结论及处理措施

结论：轮毂表面堆焊层材质与 309L 材质不符，且表面不同区域硬度差异较大，焊接质量不一，导致轮毂表面存在多处 PT 检测缺陷，其中部分为裂纹，不符合标准要求。

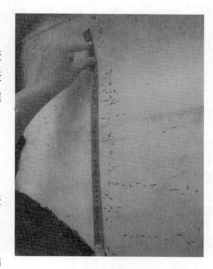

图 5-153　轮毂表面堆焊层车除 2mm 后 PT 检测缺陷显示

处理措施如下：

（1）对轮毂表面堆焊层返工处理。

（2）返工所用焊丝应检测，合格后才可使用。

（3）开展焊接工艺评定实验，合格后方可在轮毂表面开展堆焊工作。

对转轮表面堆焊层车除 2mm 后进行表面 PT 检测，表面仍存在线状缺陷，缺陷最大显示长度大于 26mm，如图 5-153 所示。

对轮毂表面堆焊层再车除 2mm（累计车除 4mm），目视检测仍发现大量缺陷，如图 5-154 所示。

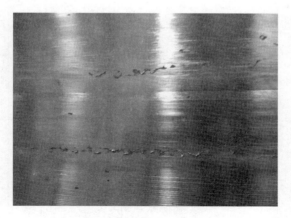

图 5-154　轮毂表面堆焊层累计车除 4mm 后目视检查缺陷显示

由于堆焊层整体厚度为 5mm，而车除 4mm 后仍然有大量堆焊缺陷，因此应对轮毂表面堆焊层进行整体车除，重新堆焊。

附录 A 水电厂金属结构定期检查工作表

水电厂金属结构定期检查工作表

序号	设备名称	部件名称	部件分类	检测部位	检测方式	要求	检修	资料检查情况	现场检测情况	存在问题	整改意见
1	水轮机部件及构件	尾水管	过流件、焊接件	里衬	外观检查	无裂纹、空蚀、变形	A、B				
				排水阀	外观检查	操作灵活，阀口不漏水、盘根不渗漏	A、B、C				
				人孔	外观检查	1. 人孔门不漏水；2. 紧固螺栓完好，螺栓预紧力符合设计要求，防松措施完好；3. 结构型式合理，四角倒圆	A、B				
2		基础环	过流件、焊接件	环板	壁厚测量	符合设计要求	A、B				
					无损检测	角焊缝 MT100%	A、B				
					厚度测量	符合设计要求	I				
					无损检测	怀疑部位 PT	I				
3		座环及固定导叶	过流件、焊接件	环板	外观检查	无裂纹、空蚀、变形	A、B				
					外观检查	无裂纹、空蚀、变形	A、B、C				
				固定导叶	外观检查	无裂纹、空蚀、变形	A、B、C				
					无损检测	过渡区及杯体部位 MT	A、B				
4		蜗壳	过流件、焊接件	蜗壳内壁	外观检查	无裂纹、空蚀、变形	A、B、C				
					厚度测量	符合设计要求	A、B				
					无损检测	T型焊缝及杯疑部位 MT	A、B				
				人孔	外观检查	1. 人孔门不漏水；2. 紧固螺栓完好，螺栓预紧力符合设计要求，防松措施完好；3. 结构型式合理，无结构突变	A、B、C				
					厚度测量	补强板厚度符合设计要求	A、B				
					无损检测	角焊缝 MT100%	A、B				

续表

序号	设备名称	部件名	部件分类	检测部位	检测方式	要求	检修	资料检查情况	现场检测情况	存在问题	整改意见
5	水轮机部件及构件	转轮	过流件、焊接件、转动件	上冠、下环	外观检查	无裂纹、空蚀、变形	A、B、C				
				叶片	外观检查	无裂纹、空蚀、变形	A、B、C				
					无损检测	过渡区及怀疑部位 MT 或 PT	A、B				
					理化检测	材质、硬度、必要时金相分析	I				
				止漏环	间隙检查	间隙偏差不超过实际平均间隙的±20%	A、B				
					圆度检查	1. 不圆度不超过设计值10%～15%；2. 不圆度绝对值不得超过平均间隙10%	A				
				泄水锥	外观检查	1. 无裂纹、空蚀、变形；2. 紧固螺栓完好、螺栓预紧力符合设计要求、防松措施完好	A、B、C				
					无损检测	焊缝、过渡区检查无裂纹；	A、B				
6		水轮机轴	转动件	大轴	外观检查	1. 过渡区及怀疑部位 MT 或 PT；2. 螺栓完好、螺栓预紧力符合设计要求、防松措施完好	A、B				
					轴振动监测	轴振动值（摆度）在规定范围内、在线监测测点完好性	I				
					无损检测	新轴投运前100%UT	I				
				补气阀	无损检测	缺陷部位 UT 复查	A、B				
					外观检查	过渡区、键槽及怀疑部位 MT 或 PT	A、B				
					理化检测	材质、硬度、必要时金相分析	I				
					外观检查	1. 操作灵活、不漏水；2. 弹簧完好	A、B、C				
				轴颈	拉伸试验	补气阀拉伸试验合格	A、B				
					外观检查	无裂纹及磨损	A、B				
					无损检测	100%MT 或 PT					

续表

序号	设备名称	部件名称	部件分类	检测部位	检测方式	要求	检修	资料检查情况	现场检测情况	存在问题	整改意见
7		接力器	接力器	接力器	外观检查	1. 活塞及缸壁表面光滑且无磨损；2. 各部密封良好，各管接头不漏油；3. 推拉杆清洁光滑，无变形，背母无松扣	A、B				
					油压试验	无渗漏（实验压力为运行压力的1.25倍）	A				
8	水轮机部件及构件	接力器	接力器	推拉杆	无损检测	怀疑部位 MT 或 PT	A、B				
					理化检测	材质、硬度，必要时金相分析	I				
		活动导叶	过流件、焊接件、转动件	本体	外观检查	无裂纹及空蚀	A、B、C				
				本体	无损检测	过渡区及怀疑部位 MT 或 PT	A、B				
					理化检测	材质、硬度，必要时金相分析	I				
				间隙	测量	端面间隙及立面间隙均在规定范围内	A、B、C				
				轴套检查	测量及外观检查	1. 间隙合格，无渗漏；2. 轴套无破损	A				
				开度检查	测量	开度最大偏差符合要求	A、B				
				止水密封	外观检查	同间隙符合标准要求	A、B、C				
9		顶盖	过流件、焊接件	本体	外观检查	1. 无裂纹、变形、严重磨损；2. 对于分块组装式顶盖，组合面间隙满足要求	A、B、C				
					振动监测	水平及垂直等振动值在规定范围内，在线监测测点完好性	A、B				
				减压板	外观检查	无裂纹及空蚀	A				
					无损检测	焊缝及怀疑部位 MT 或 PT	A				

续表

序号	设备名称	部件名	部件分类	检测部位	检测方式	要求	检修	资料检查情况	现场检测情况	存在问题	整改意见
10	水轮机部件及构件	导水机构	转动件	限位块	外观检查	1. 焊缝无裂纹；2. 焊接及变形式符合设计要求	A、B、C				
					无损检测	焊缝及怀疑部位 MT 或 PT	I				
				调速环	外观检查	1. 连接轴销无裂纹变形；2. 抗磨块磨损量在允许范围内	A、B				
				拐臂	外观检查	无裂纹及变形	A、B				
					理化检测	硬度、必要时金相分析	I				
					无损检测	轴孔、连接轴销及怀疑部位 MT 或 PT	A、B				
				连杆	外观检查	无裂纹及变形	A、B				
					理化检测	硬度、必要时金相分析	I				
				剪断销	理化检测	硬度、必要时金相分析	I				
					无损检测	怀疑部位 MT 或 PT	A、B				
11	底环		过流件	本体	外观检查	1. 无裂纹及空蚀；2. 把合螺栓完好，螺栓预紧力符合设计要求、防松措施完好	A				
12	发电机部件及构件	大轴	转动件	本体	轴振动检查	上、下及推力导轴振动值（摆度）在规定范围内、在线监测点完好性					
					外观检查	无裂纹及变形	A、B				
					无损检测	新轴投运前及在役可检测部位 100% UT	I				
				本体	无损检测	老旧缺陷部位 UT 复查	A、B				
					无损检测	过渡区、键槽、卡环槽及怀疑部位 MT 或 PT	A				
				轴领	理化检测	材质、硬度、必要时金相分析	I				
					外观检查	无裂纹及磨损	A、B				
					无损检测	100%MT 或 PT	A、B				

169

续表

序号	设备名称	部件名	部件分类	检测部位	检测方式	要求	检修	资料检查情况	现场检测情况	存在问题	整改意见
13	发电机部件及构件	定子及机架	转动件	定子本体	外观检查	无损伤、穿心螺杆预紧力满足要求，定位筋端部螺栓紧力满足要求，防松措施完好	A、B、C				
					圆度检查	实测半径与平均半径之差不超过设计间隙值的±4%	A				
					振动检查	在规定范围内，在线监测测点完好性					
				机架	外观检查	无裂纹及损伤	A、B				
					无损检测	焊缝、过渡区及杯座部位MT	A、B				
					挠度检查	符合规范要求	A、B				
					振动检查	在规定范围内，在线监测测点完好性					
				铁芯	外观检查	铁芯组合应严密、无铁锈、齿压板不松动	A、B				
				挡风板	外观检查	固定部位无裂纹	A、B				
14		转子	转动件	本体	外观检查	1. 中心体焊缝无裂纹及其他缺陷；2. 磁轭无松动或下沉现象，无变形；3. 支臂螺栓防松措施完好	A、B				
					无损检测	怀疑部位MT或PT，重点检查支臂梁、中心体支臂、中心体辐板轴领、中心体加强筋板等部件，要求无裂纹	A、B				
				风扇叶片	外观检查	端角部位是否有磨损、变形	A、B				
					无损检测	怀疑部位MT	A、B				
				制动环	外观检查	无裂纹、无变形、无严重磨损	A、B				
					无损检测	怀疑部位MT	A、B				

续表

序号	设备名称	部件名	部件分类	检测部位	检测方式	要求	检修	检测完成情况 资料检查情况	检测完成情况 现场检测情况	存在问题	整改意见
15	发电机部件及构件	导轴承及推力轴承	转动件	推力头	外观检查	无裂纹及变形	A、B				
				镜板	轴向位移	规定值之内	I				
				镜板	外观检查	1.无裂纹及变形；2.平面度、光洁度满足要求	A				
				卡环	外观检查	无裂纹和损伤	A、B				
				卡环	理化检测	材质、硬度、必要时金相分析	I				
				轴瓦	外观检查	1.轴瓦无磨损、脱壳、划痕；2.同隙符合规定值	A、B				
				轴瓦	无损检测	金属瓦应UT检查，无脱胎	A、B				
				轴承体	外观检查	焊缝无裂纹，钢板无严重锈蚀	A、B				
				轴承体	振动检查	水平、垂直测点振动值在规定范围内，在线监测测点完好性					
16		辅助设备	过流件、焊接件	制动器及管路	外观检查	1.无漏油，无漏气；2.操作灵活；3.制动块厚度满足要求	A、B、C				
				冷却器及管路	耐压试验	满足要求	I				
				冷却器及管路	外观检查	无渗漏，无腐蚀及损伤	A、B				
				冷却器及管路	耐压试验	满足要求	A				
17	气、水、油管道	水管	过流件、焊接件	管路及附件	外观检查	无渗漏、腐蚀及损伤	A、B、C				
				管路及附件	无损检测	1.坝前取水管第一道阀门前管段所有焊缝必须100%无损检测；2.蜗壳取水第一道阀门前管段所有焊缝必须100%无损检测；3.其他管道无损检测比例不低于5%，管壁与法兰连接处必检，重点检查老旧清防水管	A、B				
					测厚	弯头及水管壁下部测厚，重点检查老旧清防水管	A、B				

续表

序号	设备名称	部件名称	部件分类	检测部位	检测方式及要求		检修	检测完成情况		存在问题	整改意见
					检测方式	要求		资料检查情况	现场检测情况		
18	汽、水、油管道	油管	过流件、焊接件	管路及附件	外观检查	1. 无裂纹及异常变形；2. 无异常振动	A、B、C				
					耐压试验	操作油管道应进行耐压试验	A				
					无损检测	检测比例不低于5%，管壁与法兰连接、重点检查与压油槽连接的管路以及操作油管路	A、B				
19		气管	过流件	管路及附件	外观检查	无裂纹及异常变形	A、B、C				
					无损检测	检测比例不低于5%，管壁与法兰连接、重点检查与储气罐连接的管路	A、B				
20	水工金属结构	闸门及启闭机	过流件	闸门本体	法定检测	由具备资质单位按规定时间开展	A、B、C				
					外观检查	无损伤、无变形裂纹、结构合理	A、B				
					无损检测	对怀疑部位进行MT或PT	A				
					测量	主梁、纵梁、支臂的直线度、局部不平度检测；面板的局部不平整	A、B				
				启闭机	功能检查	闸门升降和旋转过程无卡阻					
					法定检测	由具备资质单位按规定时间开展	A、B、C				
					外观检查	无损伤、无变形裂纹、钢丝绳无断股	A、B				
					无损检测	对怀疑部位进行MT或PT	A、B				
					功能检查	启闭设备左右两侧应同步	A、B、C				
21		阀门	过流件	蜗壳取水阀	外观检查	无裂纹和损伤、不漏水	A、B、C				
					耐压试验	满足要求（更换新阀门时）	I				
					无损检测	对怀疑部位进行MT或PT	A、B				
					启闭试验	启闭正常	A、B				

续表

序号	设备名称	部件名	部件分类	检测部位	检测方式	要求	检修	资料检查情况	现场检测情况	存在问题	整改意见
								检测完成情况			
21	水工金属结构	阀门	过流件	真空破坏阀	外观检查	无裂纹和损伤，不漏水	A、B				
					渗漏试验	满足要求	A				
					无损检测	对怀疑部位进行 MT 或 PT	A、B				
					启闭试验	启闭正常	A、B				
				蜗壳排水阀	外观检查	无裂纹和损伤，不漏水	A、B				
					耐压试验	满足要求（更换新阀门时）	I				
					无损检测	对怀疑部位进行 MT 或 PT	A、B				
					启闭试验	启闭正常	A、B				
				尾水盘形阀	外观检查	无裂纹和损伤，不漏水	A、B				
					耐压试验	满足要求（更换新阀门时）	I				
					无损检测	对怀疑部位进行 MT 或 PT	A、B				
					启闭试验	启闭正常	A、B				
22		压力钢管	过流件、焊接件	伸缩节	法定检测	满足要求	A、B				
					无损检测	对怀疑部位进行 MT 或 PT	A、B				
					外观检查	无裂纹和损伤	A、B、C				
				管壁	法定检测	满足要求	A、B、C				
					无损检测	对 T 型焊缝进行 MT 或 PT	A、B				
					厚度测量	符合设计要求	I				
					外观检查	无裂纹和损伤	A、B、C				
				支撑环	法定检测	满足要求	A、B、C				
					无损检测	对怀疑部位进行 MT 或 PT	A、B				
					外观检查	无裂纹和损伤	A、B				

续表

序号	设备名称	部件名称	部件分类	检测部位	检测方式	要求	检修	资料检查情况	现场检测情况	存在问题	整改意见
22	水工金属结构	压力钢管	过流件、焊接件	岔管及加强构件	法定测试	满足要求					
					无损检测	对怀疑部位进行 MT 或 PT	A、B				
					外观检查	无裂纹和损伤	A、B、C				
				钢管本体	振动测试	异常振动时应做振动检测	I				
23		拦污栅	过流件、焊接件	拦污栅本体	差压检查	满足要求	A、B、C				
					外观检查	无明显变形、损坏	A				
24	电瓷部件	支柱绝缘子		瓷瓶	外观检查	1. 表面应光洁完好、不允许有裂纹、断裂、脱落、破损；2. 胶装处无水泥残渣及露缝等缺陷，胶装后露砂高度 10~20mm，胶装处应均匀涂胶以防水密封胶	A、B、C				
					无损检测	对怀疑部位进行 UT	A				
					锌层测厚	支柱瓷绝缘子的上、下金属附件应采用热镀锌工艺，热镀锌层厚度应均匀，表面光滑且镀锌层厚度不小于 90μm	A				
25		合金钢部件		合金钢部件	理化检验	合金钢部件应进行 100%光谱材质复核	I				
26		杆塔		杆塔	理化检验	符合要求	I				
27		导（地）线		导（地）线	理化检验	符合要求	I				
					导电性能	符合要求	I				
28		隔离开关		镀银层	测厚	主触头：镀银层厚度≥20μm	I				
					硬度	硬度≥120 韦氏	I				

续表

序号	设备名称	部件名	部件分类	检测部位	检测方式及要求		检修	检测完成情况		存在问题	整改意见
					检测方式	要求		资料检查情况	现场检测情况		
29	压力容器	压油槽、储气罐		本体及附件	年度检验	1. 外观无变形； 2. 不存在泄漏和异常声响； 3. 排污阀工作正常； 4. 安全阀等附件在有效期内					
					定期检验	按期开展定期检验工作，包括： 1. 罐体宏观检查，容器壁厚测厚等； 2. 必要时对焊缝及罐体开展无损检测抽查					
30	起重机械	桥机、门机、卷扬机		本体及附件	年度检查	1. 外观检查无变形、裂纹、腐蚀； 2. 主要受力结构件截面尺寸无明显减薄； 3. 螺栓、轴销等连接部位无变形、裂纹					
					定期检验	按要求开展两年一次的定期检验					
31	备品备件	阀门				各型号阀门备件是否齐全、备件是否有合格证书、备件是否开展耐压试验					
		螺栓				各规格螺栓是否有备件、备件螺栓是否有质量证明书、是否开展抽样理化检验					
		安全阀				是否有备件、备件是否有合格证书、备件是否已检验					
32	人员及设备	无损检测人员				是否持有无损检测证书（磁粉、渗透、超声）、是否能够独立开展无损检测工作					
		人员				是否能够满足机组检修要求、是否能够满足检修工作要求					
		设备				设备种类（磁粉探伤仪、超声波探伤仪、渗透检测试剂）、数量是否能够满足检修要求、设备状态是否良好					

注：1. 螺栓按照螺栓监督管理制度执行。其相应监督管理工作按照《水电厂重要螺栓监督管理办法》执行。

2. 按规定，导叶上、下端面间隙值总和的偏差值，最大不得大于设计最大间隙值，最小不得小于设计最小间隙值的 70%。导叶上、下端面间隙应符合图纸要求、上端面间隙一般为实际间隙总和的 60%～70%。下端面间隙一般为实际间隙总和的 30%～40%。导叶正压板轴向间隙不应大于该导叶上端面间隙的 50%。

3. Ⅰ 为一次性检验、开展一次即可。

附录 B　水电厂重要螺栓技术监督管理办法

水电厂重要螺栓技术监督管理办法

1　总则

1.1　为规范执行《湖南省电力公司水电厂发电设备反重大事故行动方案》，保障螺栓检查工作规范细致扎实开展，特制定本办法。

1.2　本办法为水力发电厂《金属技术监督规程》的补充部分，与其具有同样效力。

1.3　本办法适用于水电厂所属各部门。

2　管理机构及职责

2.1　参照水力发电厂《金属技术监督规程》第 3 条执行。

2.2　各级技术监督与管理人员应结合本办法，认真履行职责，保障安全生产。

3　重要螺栓的台账管理

3.1　各设备所属班组应依据本办法，建立重要螺栓（M32 以上及其他重要的螺栓）台账，并依据新安装、检验、更换情况，及时进行台账更新。

3.2　各部门结合厂部年度检修计划安排重要部位螺栓的检验工作，实际检测过程中螺栓分级、检验比例、检验周期等，按本办法执行。

4　螺栓分级与检验

4.1　螺栓分级：依据螺栓的运行环境、受力状况、失效导致的后果等，将螺栓分为Ⅰ级（重要）、Ⅱ级（次重要）、Ⅲ级（一般），各设备所属班组应结合本班组设备状况，自行补充，并建立完善的螺栓台账，同时抄送厂金属技术监督专责。

4.2　Ⅰ级：励磁机转子把合螺栓、推力头镜板把合螺栓、主轴联接螺栓、大轴卡环把合螺栓、推力轴承支柱螺栓、各导轴承抗重螺栓、顶盖（座环）把合螺栓、机架支臂（中心体）把合螺栓、转子轮臂把合螺栓、转子磁轭拉紧螺栓、机组流道各人孔门把合螺栓、引水钢管伸缩节把合螺栓、闸门液压启闭机油缸端盖把合螺栓、压力容器人孔门把合螺栓、机械过速保护装置组合螺栓。

4.3　Ⅱ级：导叶轴套把合螺栓、水导（顶盖）把合螺栓、底环组合螺栓、底环（座环）把合螺栓、导叶调节螺栓、水导组合螺栓、泄水锥把合螺栓、顶盖组合螺栓、定子铁芯拉紧螺栓、励磁机定子机座把合螺栓、上机架支臂（定子）把合螺栓、定子基础板预埋螺栓、风闸把合螺栓、风闸支座把合螺栓、风闸支座预埋螺栓、定子铁芯齿压板压紧螺栓、定子机座把合螺栓、推力瓦挡块螺栓、励磁机定子磁极把合螺栓、定子组合螺栓、接力器端盖把合螺栓、接力器基础螺栓、固定式启闭机基础螺栓、闸门液压油缸基础螺栓、厂区排水泵基础螺栓、滑道卷扬机主轴（卷筒）把合螺栓。

4.4　Ⅲ级：其他 M32 以上螺栓。

4.5　螺栓检验、检查。

4.5.1　检查要求：螺栓的检验方法主要是无损检测、宏观检查、硬度试验、光谱检验、理化实验。

4.5.2　Ⅰ级螺栓 C 级及以上检修具备条件时应全部宏观检查，至少按照 25％比例抽样超声波检查，B 级及以上检修时应 100％超声波检查。

4.5.3　Ⅱ级螺栓 B 级及以上检修具备条件时应全部宏观检查，至少按照 50％比例抽样超声波检查，A 级及以上检修时应 100％超声波检查。

4.5.4　Ⅲ级螺栓 B 级及以上检修具备条件时应全部宏观检查，必要时进行无损探伤。

4.5.5　遇机组甩负荷，则须立即对引水钢管、蜗壳人孔门及其螺栓情况进行检查。并将人孔门及其螺栓巡检纳入班组定期巡检记录。

4.6　其他使用规范。

4.6.1　任何级别检修，螺栓拆卸后均应进行宏观检查，螺栓、螺母必须无任何损伤、变形、滑牙、缺牙、锈蚀、螺纹粗糙度变化大等现象。

4.6.2　在役螺栓应统一编号、标记，便于检验记录和质量管理。

4.6.3　在役螺栓首次进行检查时，至少按照 25％比例抽样进行硬度试验，合金钢螺栓、高强度螺栓还应抽样送电科院进行光谱、理化检验。

4.6.4　M32 以下的螺栓拆卸两次后予以更换。

4.6.5　有预紧力要求的螺栓必须按设计要求进行装配，禁止随意采用防松措施替代预紧力要求的行为。

4.6.6　自锁螺母使用拆卸后禁止再次重复使用。

4.6.7　检查发现丝扣损坏、锈蚀、裂纹、硬度异常、材质不符等缺陷时，必须及时更换。

4.6.8　新更换的螺栓及备品应有螺栓材质牌号（进口螺栓材质牌号应统一按国际电工委员会 IEC 标准或美国机械工程师协会 ASME 标准标注）、出厂检验报告和质量说明书等，投入使用前应进行 100％无损、宏观检测，并按批次抽样送电科院金属材料所进行理化试验，检验合格后才能使用。实际工程中需要对在役螺栓进行替换时，按以下原则执行：

4.6.8.1　能查明原设计使用螺栓强度、材料和结构的，一律按原设计要求选用合格产品进行替换，禁止采用低强度螺栓替换高强度螺栓。

4.6.8.2　不能查明原设计使用螺栓强度、材料和结构的，替换前应依据紧固条件和要求进行强度核算，选用材料且强度等级合适螺栓，并按管理机构及职责经相关人员审批同意。

4.6.8.3　更换的螺栓原则上采用原设计同样材质规格的螺栓，或高于原设计强度的螺栓，而不采用不锈钢螺栓。易锈蚀部位确实需要使用不锈钢螺栓，则参照不锈钢螺栓有关规范及实际使用强度要求选取含 Ti 或超低碳等适当材质和性能等级的不锈钢螺栓。

4.6.9　严禁使用不明材料、不明强度及生产单位未经检验合格的螺栓。

5　重要螺栓技术监督管理

5.1　对重要螺栓的技术监督工作实行全过程、闭环的监督管理方式，即在生产设备的设计审查、招标采购、制造监造、安装、运行维护、检修、技术改造等所有环节都应开展对重要螺栓的监督管理。同时，在设备检修、技术改造、故障后等重点阶段，应有针对性地开展对重要螺栓的工作，以便及时发现重点阶段存在的不按本办法规范使用螺栓的现象。

5.2　要根据科技进步以及新技术、新材料应用情况，按年度对重要螺栓技术监督工作的内容、工作方法、标准、检验手段进行补充、完善、细化，提高重要螺栓监督工作的水平和能力，做到对受监设备的有效、及时监督。

5.3 重要螺栓技术监督工作要建立预警制度。要在全过程、全方位开展对重要螺栓监督工作的基础上，结合对设备的运行状态分析、评估、评价，针对监督工作过程中发现的具有趋势性、苗头性、突发性的问题及时发布预警报告。

5.4 重要螺栓技术监督工作应建立告警和整改跟踪制度。

5.4.1 设备分管部门当发现重要螺栓存在严重缺陷、隐患时，应立即向金属监督专责报告。金属监督专责应对缺陷进行分析，并根据需要起草告警报告，经生产技术部审核，由生产技术部发布告警报告，并及时向分管厂领导、电力科学院金属材料所及水电技术部汇报。

5.4.2 生产技术部在技术监督过程中发现设备存在严重缺陷、隐患时，应立即向设备分管部门提出设备告警报告，使其及时了解设备健康状况和存在的缺陷，及时采取有效措施加以消除，预防设备事故的发生。对严重影响设备安全运行或需立即停役的严重缺陷，金属监督专责应对缺陷进行分析，并根据需要起草告警报告，经生产技术部审核后发布告警报告。

5.4.3 告警报告发布后，金属监督专责应全程跟踪设备消缺、检修、改造等过程，对重要螺栓的检验、更换实施有效的监督，以保证设备缺陷的及时消除和设备健康水平的恢复。

5.5 重要螺栓技术监督工作实行定期检查制度。在电科院金属材料所的指导下，每年应组织对重要螺栓监督的指标及管理工作进行定期检查，并提出检查总结。对检查出的问题进行分析，对严重违反技术监督制度、由于技术监督不当或监督项目缺失、降低监督指标标准而未造成严重后果的部门、单位可以采取警告、通报等措施要求其限期改正。

5.6 重要螺栓技术监督工作应建立评估制度。

5.6.1 按照重要螺栓技术监督要求，生产技术部应组织分阶段、分设备有重点地对重要螺栓技术监督工作的内容、标准和实施情况进行检查、分析、评估，并结合日常技术监督状况，对技术监督工作开展情况进行综合分析评估。及时发现技术监督工作存在的问题和不足，并提出改进措施，经审批后施行。

5.6.2 各设备分管部门每年至少应组织一次，对分管范围内的Ⅰ、Ⅱ级螺栓的健康评估工作，提出评估报告。

5.7 重要螺栓技术监督工作实行报告制度。

5.8 每一项重要螺栓技术监督检验工作都应形成专业检测报告。报告应包括技术监督项目、工作时间、地点、应用指标标准、实际检测结果、存在问题及原因分析、措施与建议、监督结论等内容。

5.9 螺栓检验报告由持有相应资质证书的人员按相关检验规范编制，由检验人员和执行单位签字、盖章，并经审批后交由厂部技术档案室、金属监督专责、设备分管部门与班组分别管理，并提交电科院金属材料所备案。报告电子版文件采用 PDF 格式保存，与纸质文件同样有效并同步管理。重要问题应作专题报告。

5.10 每季度第一个月 3 日前，将上季度的技术监督信息，归入金属及特种设备技术监督报表，报电科院金属材料所。

5.11 每年 1 月 5 日前将上一年度的技术监督报表和工作总结以及下一年度技术监督工作计划报电科院技术监督办公室。

5.12 重要螺栓检验人员培训。应定期对技术监督人员、检验人员进行标准、规程、反措的培训，技术监督工作人员应持证上岗并开展定期轮训，促进技术监督队伍的整体水平提高。

5.13　奖励与考核。厂部技术监督领导小组每年依照各部门技术监督管理工作绩效及年度计划完成情况对其实行年度考核，对在技术监督工作中做出贡献的单位和个人给予表彰和奖励，对不能完成计划或未履行职责的部门及班组进行考核。

6　附则

6.1　本管理办法从颁布之日起施行。

6.2　本管理办法由水力发电厂生产技术部负责解释并监督执行。

附录 C 水电厂重要焊缝技术监督管理办法

水电厂重要焊缝技术监督管理办法

1 总则

1.1 为规范执行湖南省电力公司下发的《国网湖南省电力公司水电厂 2014 年～2016 年发电设备反重大事故三年滚动计划》，保障我厂发电设备重要焊缝检查工作规范扎实有效开展，特制定本办法。

1.2 本办法适用于水电厂所属各部门。

2 管理机构及职责

2.1 管理机构及职责参照水电厂《金属技术监督规程》执行。

2.2 各级技术监督工作人员应结合本办法，认真履行职责，切实保障安全生产。

3 重要焊缝的台账管理

3.1 各设备所属班组应依据本办法，建立发电设备重要焊缝技术台账，并依据设备更新、焊缝检验情况，每年进行一次台账更新。

3.2 各部门应结合厂部年度检修计划安排所属发电设备重要焊缝的检验工作，焊缝的分级、检验比例、检验周期等参考本办法执行。

4 重要焊缝的分级与检验

4.1 重要焊缝是指：发电设备的重要受力焊缝，存在缺陷会导致严重后果的设备部件焊缝。

4.2 重要焊缝分级：依据焊缝的运行环境、承压状况、失效导致的后果等，将发电设备重要焊缝分为Ⅰ、Ⅱ级，具体焊缝分类见重要焊缝台账。各设备所属班组应结合本单位设备状况建立完善的发电设备部件焊缝技术台账并报厂金属技术监督专责备案。

4.2.1 Ⅰ级：转轮组焊焊缝、承压部件焊缝（压力钢管、压力容器等）、重要受力结构件主要焊缝；存在缺陷会导致严重后果的部件焊缝。

4.2.2 Ⅱ级：除Ⅰ级焊缝以外的所有重要焊缝。

4.3 焊缝的检验、检查

4.3.1 检查方法：焊缝的检查方法主要是宏观检查和无损检测（即射线检测、超声波检查、表面探伤）。

4.3.2 所有焊缝在检修中都应开展外观检查，检查中如若发现疑似缺陷，都应开展无损检测，以确定缺陷是否存在以及缺陷类别。如若确定缺陷存在，应扩大无损检测抽检比例。

4.3.3 Ⅰ类焊缝在 A、B 级检修中开展无损检测的抽检比例不得低于 20％。且相邻检修的抽检焊缝位置不得相同，应利用检修机会逐步对所有Ⅰ类焊缝进行无损检测。

4.3.4 Ⅱ类焊缝在 A 级检修中以开展无损检测的比例不得低于 10％。Ⅱ类焊缝以外观检查为主，无损检测为辅。

4.3.5 对于发现缺陷，尚未修复的焊缝，在具备检测条件的检修机会中，应针对缺陷部位开展外观检查及无损检测，观察缺陷有无发展变化。

4.3.6 对于发现缺陷后修复的焊缝，在修复后的首次检修中，应开展外观检查及无损检测，观察有无缺陷重新萌生扩展。

4.4 其他要求

4.4.1 任何级别的发电设备检修，各重要焊缝均应进行宏观检查，各焊缝应无超标缺陷及损伤。

4.4.2 严禁使用不明材料焊材以及未取得焊接资格证的人员从事发电设备重要部件的焊接工作。

5 重要焊缝的监督管理

5.1 对重要焊缝的技术监督工作实行全过程、闭环的监督管理方式，即在发电设备的设计审查、招标采购、制造监造、安装、运行维护、检修、技术改造等所有环节都应开展对重要焊缝的监督管理。同时，在设备检修、技术改造、故障后等重点阶段，应有针对性地开展对重要焊缝的技术监督工作。

5.2 要根据科技进步以及新技术、新材料应用情况，按年度对重要焊接技术监督工作的内容、工作方法、标准、检验手段进行补充、完善、细化，提高重要转动部件、承压设备监督工作的水平和能力，做到对受监设备的有效、及时监督。

5.3 重要焊缝监督工作要建立预警制度。要在全过程、全方位开展对重要焊缝监督工作的基础上，结合对设备的运行状态分析、评估、评价，针对监督工作过程中发现的具有趋势性、苗头性、突发性的问题及时发布预警报告。

5.4 设备所属部门发现重要焊缝存在严重缺陷、隐患时，应立即向生产技术部及金属技术监督专责报告。金属技术监督专责应对缺陷进行分析，并根据需要起草告警报告，经生产技术部审核，由生产技术部发布告警报告，并及时向分管厂领导、电科院金属材料室及省公司水电技术部汇报。

5.5 在技术监督过程中发现发电设备焊缝存在严重缺陷、隐患时，生产技术部应立即向设备分管部门提出设备告警，使其及时了解设备健康状况和存在的缺陷，采取有效措施加以消除，预防设备事故的发生。对严重影响设备安全运行或需立即停役的严重缺陷，金属技术监督专责应对缺陷进行分析，并根据需要起草告警报告，经生产技术部审核后发布告警报告。

5.6 告警报告发布后，金属技术监督专责应全程跟踪设备消缺、检修、改造等过程，对重要焊缝的检验、处理实施有效的监督，以保证设备缺陷的及时消除和设备健康水平的恢复。

5.7 在电科院金属材料所的指导下，每年应组织对重要焊缝监督的指标及管理工作进行定期检查，对检查出的问题进行分析，对严重违反技术监督制度、由于技术监督不当或监督项目缺失、降低监督指标标准而未造成严重后果的部门、班组可以采取警告、通报等措施要求其限期改正。

5.8 按照重要焊缝监督要求，生产技术部应组织分阶段、分设备有重点地对重要焊缝监督工作的内容、标准和实施情况进行检查、分析、评估，并结合日常技术监督状况，对技术监督工作开展情况进行综合分析评估。及时发现技术监督工作存在的问题和不足，并提出改进措施，经审批后施行。

5.9 每一项重要焊缝技术监督检验工作均应形成专业检测报告。报告应包括技术监督项目、工作时间、地点、应用指标标准、实际检测结果、存在问题及原因分析、措施与建议、监督结论等内容。

5.10 焊缝检验报告由持有相应资质证书的人员，按相关检验规范编制，由检验人员和执行单位签字、盖章，并经审批后交由厂部技术档案室、金属技术监督专责、设备分管部门与班组分别管理，并提交电科院金属材料所备案。报告电子版文件与纸质文件同样有效并同步管理。重要问题应作专题报告。

5.11 应定期组织对技术监督人员、检验人员进行标准、规程、反措的培训，技术监督工作人员应持证上岗并开展定期轮训，以促进技术监督队伍的整体水平提高。

5.12 厂部技术监督领导小组每年依照各技术监督管理执行部门工作绩效及年度计划完成情况对其实行年度考核，对在技术监督工作中做出突出贡献的单位和个人给予表彰和奖励，对不能完成计划或失去技术监督职能的部门进行考核。

6 附则

6.1 本管理办法从颁布之日起施行。

6.2 本管理办法由水电厂生产技术部负责解释并监督执行。

参 考 文 献

［1］ 郑源，陈德新. 水轮机. 北京：中国水利水电出版社，2011.

［2］ 刘大恺. 水轮机. 北京：中国水利水电出版社，1997.

［3］ 宋文武，杜同. 高水头贯流式水轮机的理论及应用. 北京：科学出版社，2015.

［4］ 周文桐，周晓泉. 水斗式水轮机基础理论与设计. 北京：中国水利水电出版社，2007.

［5］ 宋琳生. 电厂金属材料. 北京：中国电力出版社，2006.

［6］ 谢国胜，刘纯，谢亿，等. 电网设备金属部件典型失效案例. 北京：中国电力出版社，2015.

［7］ 史国超. 中小型水电站金属结构及机电设备制造安装检测实用技术，郑州：黄河水利出版社，2006.

［8］ 强天鹏. 射线检测. 北京：中国劳动社会保障出版社，2007.

［9］ 郑晖，林树青. 超声检测. 北京：中国劳动社会保障出版社，2008.

［10］ 宋志哲. 磁粉检测. 北京：中国劳动社会保障出版社，2007.

［11］ 胡学之. 渗透检测. 北京：中国劳动社会保障出版社，2007.

［12］ 杨逢尧，魏文炜. 水工金属结构. 北京：中国水利水电出版社，2005.

［13］ 王正中. 水工钢结构. 郑州：黄河水利出版社，2010.

［14］ 航天精工有限公司. 紧固件概论. 北京：国防工业出版社，2014.